定期テスト **ズバリ**よくでる　数学｜1年　日本文教版｜中学数学1

もくじ

JN078015

取り外してお使いください 赤シート＋直前チェックBOOK,別冊解答

※全国の定期テストの標準的な出題範囲を示しています。学校の学習進度とあわない場合は,「あなたの学校の出題範囲」欄に出題範囲を書きこんでお使いください。

Step 1　基本チェック　1節 正の数と負の数

15分

教科書のたしかめ　[ ]に入るものを答えよう!

❶ 反対の性質をもつ数量　▶教 p.16-17　Step 2 ❶-❸

解答欄

- □(1)　0 ℃を基準にすると, それより 5 ℃高い温度は[+5]℃, 3.5 ℃ 低い温度は[−3.5]℃と表すことができる。

　(1) _____

- □(2)　海面を基準の 0 m とすると, 長野県の野辺山駅(日本一高い地点 の駅)の標高 1346 m は, [+1346]m と表すことができる。

　(2) _____

- □(3)　北へ 3 km 進むことを +3 km と表すとき, 南へ 10 km 進むこと は, [−10]km と表すことができる。

　(3) _____

- □(4)　今から 10 日前を −10 日と表すとき, 今から 30 日後は, [+30] 日と表すことができる。

　(4) _____

❷ 正の数と負の数　▶教 p.18-19　Step 2 ❹-❻

- □(5)　0 より 4 小さい数, 0 より 7.5 大きい数を, 正負の符号を使って 表すと, それぞれ[−4], [+7.5]である。

　(5) _____

- □(6)　下の数直線で, 点 A の表す数は[−4]であり, 点 B の表す数は [+6]である。

　(6) _____

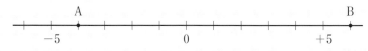

❸ 数の大小　▶教 p.20-21　Step 2 ❼-❿

- □(7)　+6.5 の絶対値は[6.5], −3 の絶対値は[3]である。

　(7) _____ / _____

- □(8)　絶対値が 2 である数は[−2]と[+2]である。

　(8) _____ / _____

- □(9)　−5.4 と −2.8, +2 と −3 の大小を, 不等号を使って表すと, それぞれ −5.4[<]−2.8, +2[>]−3 である。

　(9) _____ / _____

教科書のまとめ　___ に入るものを答えよう!

- □ 0 より小さい数を <u>負の数</u>, 0 より大きい数を <u>正の数</u> という。
- □ 整数を分類すると, 正の整数, 0, <u>負の整数</u> になる。正の整数を <u>自然数</u> ともいう。
- □ 数直線で, 0 を表す点を <u>原点</u> といい, 数直線の右の方向を <u>正</u> の方向, 左の方向を <u>負</u> の方向という。
- □ 数直線上で, ある数を表す点と原点との距離を, その数の <u>絶対値</u> という。
- □ −5<−3 は, −5 が −3 より <u>小さい</u> ことを表し, 2>0 は, 2 が 0 より <u>大きい</u> ことを表す。

Step 2　予想問題　**1節 正の数と負の数**

1ページ
30分

ヒント

【反対の性質をもつ数量①】

❶ 次の温度を，記号＋，－を使って表しなさい。

☐(1)　0 ℃ より 18 ℃ 高い温度　　　　　　　　（　　　　　　　）

☐(2)　0 ℃ より 0.5 ℃ 低い温度　　　　　　　（　　　　　　　）

❶
基準より大きい数量は
＋，小さい数量は－を
使って表す。

【反対の性質をもつ数量②】

❷ 長い石段のある段から上に 3 段上ることを ＋3 段と表すことにする。次の問いに答えなさい。

☐(1)　上に 15 段上ることを，記号＋または－を使って表しなさい。

（　　　　　　　）

☐(2)　－6 段とは，どのようなことを表していますか。

（　　　　　　　）

❷
(2)「上る」の反対は「下りる」である。

【反対の性質をもつ数量③】

❸ 次の数量を正の符号，負の符号を使って表しなさい。

☐(1)　学校の生徒数が 10 人増えることを ＋10 人と表すとき，生徒数が 5 人減ること　　　　　　　（　　　　　　　）

☐(2)　5000 円の支出を －5000 円と表すとき，3000 円の収入

（　　　　　　　）

❸
反対の性質や反対の方
向をもつ数量は，基準
を決めることで，その
大小により正の符号，
負の符号を使って表す
ことができる。

【正の数と負の数①】

❹ 次の数を正の符号，負の符号を使って表しなさい。

☐(1)　0 より 8 小さい数　　　　☐(2)　0 より 3.9 大きい数

（　　　　　　）　　　　　　（　　　　　　）

☐(3)　0 より $\frac{2}{3}$ 小さい数　　　☐(4)　0 より $\frac{1}{5}$ 大きい数

（　　　　　　）　　　　　　（　　　　　　）

よく出る

❹
＋を正の符号，－を負
の符号という。

【正の数と負の数②】

❺ 次の数について，あとの問いに答えなさい。

$$+7, \quad -\frac{1}{4}, \quad +2, \quad 0, \quad +5.2, \quad -3$$

☐(1)　負の数をすべて答えなさい。　　　（　　　　　　　）

☐(2)　自然数をすべて答えなさい。　　　（　　　　　　　）

☐(3)　正の数でも負の数でもない数はどれですか。（　　　　　　　）

点UP

❺
(2)自然数とは正の整数
のことである。

 ミスに注意
0を自然数にふくめ
ないようにする。

【数直線上の点】

よく出る

❻ 下の数直線について，あとの問いに答えなさい。

□(1) 上の数直線で，点 A，B，C の表す数を答えなさい。

　　　A(　　　　　) 　B(　　　　　) 　C(　　　　　)

□(2) -3，$+0.5$，$+\dfrac{5}{2}$ を表す点 D，E，F を，上の数直線に示しなさい。

【絶対値①】

❼ 次の数の絶対値を答えなさい。

□(1) -5 (　　　　　) 　□(2) $+7.2$ (　　　　　)

□(3) $+\dfrac{1}{4}$ (　　　　　) 　□(4) $-\dfrac{5}{3}$ (　　　　　)

【絶対値②】

❽ 次の問いに答えなさい。

□(1) 絶対値が 4 である数をすべて答えなさい。

　　　　　　　　　　　　　　(　　　　　)

□(2) 絶対値が 3 より小さい整数はいくつあるか，答えなさい。

　　　　　　　　　　　　　　(　　　　　)

【数の大小の比較①】

よく出る

❾ 次の各組の数の大小を，不等号を使って表しなさい。

□(1) $+2.5$，-3.2 　　　　□(2) -12，-8

　　　(　　　　　) 　　　　　　　(　　　　　)

□(3) $+\dfrac{7}{5}$，$+1.5$ 　　　□(4) $-\dfrac{5}{6}$，$-\dfrac{7}{8}$

　　　(　　　　　) 　　　　　　　(　　　　　)

【数の大小の比較②】

点UP

❿ 次の数の大小を，不等号を使って表しなさい。

□(1) $+0.7$，-3.5，$+\dfrac{3}{4}$ 　　(　　　　　)

□(2) -2.4，$+3$，$-\dfrac{5}{2}$ 　　(　　　　　)

💡ヒント

❻

数直線で原点より左側の点は負の数を，右側の点は正の数を表す。

❼

符号をとった値が絶対値になる。

❽

(2)絶対値が 3 である数はふくまない。

❾

(3)分数を小数になおして比較する。

(4)通分して比較する。

📋テスト得ダネ

数の大小を，不等号を使って表す問題はよく出題される。数直線上に表して確認しよう。

❿

分数や小数にそろえて比較する。

❌ミスに注意

3つの数□，○，△の大小を不等号で表すとき，

　□<○>△

　□>○<△

のようなかき方はしない。

Step 1 基本チェック

2節 加法と減法／3節 乗法と除法
4節 正の数と負の数の活用

15分

1章

教科書のたしかめ　[　]に入るものを答えよう！

2節 加法と減法　▶教 p.24-39　Step 2 ❶-❽

解答欄

□(1)　$(+3)+(+6)=+(3+6)$
$=[\ +9\ ]$

□(2)　$(-3)+(-6)=-(3+6)$
$=[\ -9\ ]$

□(3)　$(-3)+(+6)=+(6-3)$
$=[\ +3\ ]$

□(4)　$(+3)+(-6)=-(6-3)$
$=[\ -3\ ]$

□(5)　$(+4)-(-9)=(+4)+(+9)$
$=[\ +13\ ]$

□(6)　$(-4)-(+9)=(-4)+(-9)$
$=[\ -13\ ]$

(1)＿＿＿＿＿＿
(2)＿＿＿＿＿＿
(3)＿＿＿＿＿＿
(4)＿＿＿＿＿＿
(5)＿＿＿＿＿＿
(6)＿＿＿＿＿＿

3節 乗法と除法　▶教 p.40-57　Step 2 ❾-❻

□(7)　$(+4)×(+6)=+(4×6)$
$=[\ +24\ ]$

□(8)　$(+4)×(-6)=-(4×6)$
$=[\ -24\ ]$

□(9)　$(-4)÷(-6)=+(4÷6)$
$=+\dfrac{4}{6}=\left[\ +\dfrac{2}{3}\ \right]$

□(10)　$(-4)÷(+6)=-(4÷6)$
$=-\dfrac{4}{6}=\left[\ -\dfrac{2}{3}\ \right]$

□(11)　$+\dfrac{1}{4}$ の逆数は$[\ +4\ ]$であり，$-\dfrac{2}{3}$ の逆数は$\left[\ -\dfrac{3}{2}\ \right]$である。

□(12)　$\left(+\dfrac{3}{4}\right)÷\left(-\dfrac{6}{7}\right)=\left(+\dfrac{3}{4}\right)×\left[\left(-\dfrac{7}{6}\right)\right]=\left[\ -\dfrac{7}{8}\ \right]$

□(13)　$-3^{2}=-(3×3)=[\ -9\ ]$　　$(-3)^{2}=(-3)×(-3)=[\ 9\ ]$

□(14)　$\left(-\dfrac{2}{3}+\dfrac{3}{4}\right)×12=-\dfrac{2}{3}×12+\dfrac{3}{4}×[\ 12\ ]$
$=-8+[\ 9\ ]=[\ 1\ ]$

□(15)　20 以下の素数は$[\ 2,\ 3,\ 5,\ 7,\ 11,\ 13,\ 17,\ 19\ ]$である。

□(16)　72 を素因数分解すると$[\ 2^{3}×3^{2}\ ]$である。

(7)＿＿＿＿＿＿
(8)＿＿＿＿＿＿
(9)＿＿＿＿＿＿
(10)＿＿＿＿＿＿
(11)＿＿／＿＿
(12)＿＿／＿＿
(13)＿＿＿＿＿＿
(14)＿＿＿＿＿＿
＿＿／＿＿
(15)＿＿＿＿＿＿
(16)＿＿＿＿＿＿

4節 正の数と負の数の活用　▶教 p.58-59　Step 2 ❼

教科書のまとめ　___ に入るものを答えよう！

□**加法**…同じ符号の 2 数の和⇒2 数の 絶対値 の和に，2 数と同じ符号をつける。

　　　　異なる符号の 2 数の和⇒2 数の絶対値の 差 に，絶対値の 大きい方 の符号をつける。

□**減法**…ある数をひくことは，その数の 符号 を変えた数をたすことと同じである。

□**乗法・除法**…同じ符号の 2 数の積，商⇒2 数の絶対値の積，商に， 正 の符号をつける。

　　　　　　　異なる符号の 2 数の積，商⇒2 数の絶対値の積，商に， 負 の符号をつける。

□**四則の混じった計算**… 累乗 →かっこの中→乗除→加減の順に計算する。

　2節 加法と減法／3節 乗法と除法
4節 正の数と負の数の活用

1ページ
30分

ヒント

【数直線を使った加法】

❶ 下の数直線を使って，次の計算をしなさい。

□(1)　$(-1)+(+3)$　　　　□(2)　$(-5)+(+2)$

□(3)　$(+4)+(-7)$　　　　□(4)　$(+6)+(-3)$

【同じ符号の数の加法】

❷ 次の計算をしなさい。

□(1)　$(+5)+(+8)$　　　　□(2)　$(+12)+(+6)$

□(3)　$(-7)+(-3)$　　　　□(4)　$(-18)+(-23)$

□(5)　$(+14)+(+16)$　　　□(6)　$(-25)+(-15)$

【異なる符号の数の加法】

❸ 次の計算をしなさい。

□(1)　$(-4)+(+9)$　　　　□(2)　$(-13)+(+8)$

□(3)　$(+2)+(-6)$　　　　□(4)　$(+11)+(-3)$

□(5)　$(-60)+(+90)$　　　□(6)　$(+32)+(-65)$

□(7)　$0+(-5)$　　　　　□(8)　$(-17)+0$

【加法の交換法則と結合法則】

❹ 次の計算をしなさい。

□(1)　$(+7)+(-5)+(+8)$　　□(2)　$(-4)+(+9)+(-8)$

□(3)　$(-6)+(-25)+(+25)$　□(4)　$(-14)+(+12)+(+14)$

❶

正の数を加えるときは，
その数の絶対値の分だ
け右に動く。負の数を
加えるときは，その数
の絶対値の分だけ左に
動く。

❌ ミスに注意

数直線での正の方向
と負の方向をまちが
えないようにする。

❷

2数の絶対値の和に2
数と同じ符号をつける。

❸

2数の絶対値の差に，
絶対値の大きい方の数
の符号をつける。
(7)(8) 0の性質「ある数
　に0を加えても，もと
　の数と変わらない。」

❹

(1)(2)交換法則と結合法
　則を用い，同じ符号
　の数の加法を先に行
　う。
(3)(4)計算の順を変える
　ことで，計算が楽に
　なる。

[解答 ▶ p.2]

【減法】

❺ 次の計算をしなさい。

☐(1)　$(+7)-(+6)$

☐(2)　$(+20)-(+11)$

☐(3)　$(+5)-(+8)$

☐(4)　$(+4)-(+21)$

☐(5)　$(-13)-(-13)$

☐(6)　$(+9)-(-6)$

☐(7)　$(-20)-(-25)$

☐(8)　$0-(-32)$

【かっこを省いた式】

❻ 次の計算をしなさい。

☐(1)　$9-15-8$

☐(2)　$-23+11-7$

☐(3)　$12-18+38-22$

☐(4)　$36-7-24+15$

【加法と減法のいろいろな計算】

❼ 次の計算をしなさい。

☐(1)　$-15-(-4)+(+7)$

☐(2)　$-8+(-3)-(+6)$

☐(3)　$16-(-3+7)$

☐(4)　$7-(-35)-(5-9)$

☐(5)　$-6-\{(-8)+11\}+(-5)$

☐(6)　$21-\{5+(7-14)\}+(-4)$

【小数や分数の加法と減法】

❽ 次の計算をしなさい。

☐(1)　$-1.9+3.5$

☐(2)　$2.4-7.3$

☐(3)　$-8.4-(-6.8)$

☐(4)　$-\dfrac{7}{3}+\dfrac{3}{4}$

☐(5)　$-\dfrac{2}{3}-\dfrac{1}{2}$

☐(6)　$\dfrac{3}{5}-\left(-\dfrac{1}{4}\right)$

💡ヒント

❺
減法は，ひく数の符号を変えた数を加えることと同じである。

📋テスト得ダネ
減法は必ず出題される。計算に慣れておこう。

❻
正の項，負の項をそれぞれまとめてから計算する。

❼
(5)(6) { } の中に ( ) のある計算では
( ) → { } の順に計算する。

❌ミスに注意
(3) では，$-3+7$ の計算を $-(3+7)$ とするミスが多い。気をつけよう。

❽
小数や分数でも計算のやり方は変わらない。
(4)〜(6)分母が異なる分数どうしの加法・減法では，ふつう，分母の最小公倍数にそろえてから計算する。

【正の数や負の数の乗法】

❾ 次の計算をしなさい。

☐(1) $(+5)\times(+6)$

☐(2) $(+4)\times(-7)$

☐(3) $(-6)\times(-3)$

☐(4) $(-12)\times0$

☐(5) $\left(-\dfrac{2}{3}\right)\times(+12)$

☐(6) $\left(-\dfrac{5}{6}\right)\times\left(-\dfrac{4}{15}\right)$

【逆数】

❿ 次の数の逆数を求めなさい。

☐(1) -7

(　　　　)

☐(2) -0.4

(　　　　)

☐(3) $\dfrac{1}{5}$

(　　　　)

☐(4) $-\dfrac{2}{3}$

(　　　　)

【除法を乗法になおして計算】

⓫ 次の計算をしなさい。

☐(1) $\left(+\dfrac{2}{5}\right)\div(-3)$

☐(2) $(-12)\div\left(+\dfrac{6}{7}\right)$

☐(3) $\left(+\dfrac{3}{7}\right)\div\left(-\dfrac{1}{3}\right)$

☐(4) $\left(-\dfrac{5}{12}\right)\div\left(-\dfrac{10}{9}\right)$

【いくつかの数の積】

⓬ 次の計算をしなさい。

☐(1) $(-4)\times(+5)\times(-6)$

☐(2) $(-4)\times(-4)\times(-5)$

☐(3) $(-3)\times(-1)\times(+9)\times(-2)$

☐(4) $(-8)\times(+9)\times0\times(-12)$

【累乗の計算】

⓭ 次の計算をしなさい。

☐(1) 2^3

(　　　　)

☐(2) $(-7)^2$

(　　　　)

☐(3) -7^2

(　　　　)

☐(4) $(-1)^5$

(　　　　)

ヒント

❾

同じ符号をもつ数どうしの積は正，異なる符号をもつ数どうしの積は負になる。

ミスに注意

0の性質「0にどんな数をかけても0である。また，どんな数に0をかけても0になる。」
加法の場合と混同しないようにする。

❿

積が1になる2つの数の一方を他方の数の逆数という。

⓫

わる数の逆数をかける。

テスト得ダネ

分数の乗法・除法では，計算の結果は必ず約分しておこう。

⓬

積の符号を先に決めてから計算する。負の数が奇数個⇒積は負。負の数が偶数個⇒積は正。
(4)0があることに注意する。

⓭

(3)$-(7\times7)$

ミスに注意

・ $(-5)^2$
$=(-5)\times(-5)$
$=25$
・ -5^2
$=-(5\times5)=-25$
$-\bigcirc^2$ と $(-\bigcirc)^2$ のちがいに注意しよう。

【四則の混じった計算】

⓮ 次の計算をしなさい。

□(1)　$(-4) \div (-12) \times (-6)$　　　□(2)　$-0.8 \times \left(-\dfrac{5}{4}\right) \div \left(-\dfrac{3}{4}\right)$

□(3)　$12 - (-3)^2 \times (-1)$　　　□(4)　$7 + (5-7)^3 \times (-3)$

□(5)　$(-18) + \left(-\dfrac{5}{6} + \dfrac{3}{8}\right) \times 24$　　□(6)　$(-17) \times 3.9 + 6.1 \times (-17)$

⓮
(1)(2)乗除の混じった式
の計算は，乗法だけ
の式にして計算する。
(5)(6)分配法則を用いる。

【数の集合と四則計算】

⓯ AとB を自然数とします。次のような計算の結果がいつも自然数になるときは〇を，いつも自然数になるとは限らないときは✕をかきなさい。

□(1)　$A+B$　　□(2)　$A-B$　　□(3)　$A \times B$　　□(4)　$A \div B$
　（　　　　　）　（　　　　　）　（　　　　　）　（　　　　　）

⓯
正の整数を自然数とも
いう。
また，0 でわることが
できないことも忘れず
に。

【素因数分解】

⓰ 次の自然数を素因数分解しなさい。

□(1)　27　　　　　　□(2)　50　　　　　　□(3)　126
　　（　　　　　）　　（　　　　　）　　（　　　　　）

⓰
素数だけの積として表
す。同じ数は累乗の形
で表すことを忘れずに。

【正の数と負の数の活用】

⓱ 次の表は，まさとさんの学校で先週図書室から貸し出された本の冊数と，基準の冊数との差を示しています。あとの問いに答えなさい。

	月	火	水	木	金
本の冊数（冊）	98	89	104	87	112
基準との差（冊）	−2	ア	イ	ウ	エ

□(1)　基準の冊数は何冊ですか。　　　　　　（　　　　　　　　　　）

□(2)　表を完成させなさい。

　　　　ア（　　　　）イ（　　　　）ウ（　　　　）エ（　　　　）

□(3)　1日あたりの貸し出し冊数の平均を求めなさい。

　　　　　　　　　　　　　　　　　（　　　　　　　　　　）

⓱
(1)では，
　98−基準の冊数
　$=-2$
となることに注目する。

📋 テスト得ダネ
基準の値との差を
使って平均を求める
問題はよく出題され
る。

| Step 3 | 予想テスト | 1章 正の数と負の数 | 30分 目標 80点 | ／100点 |

❶ 次の温度を，記号＋，－を使って表しなさい。知　　　　　　　　6点(各3点)

□(1)　0 ℃ より 4.5 ℃ 高い温度　　　　　□(2)　0 ℃ より 12 ℃ 低い温度

❷ 次の数直線で，点 A～E の表す数を答えなさい。知　　　　　　　10点(各2点)

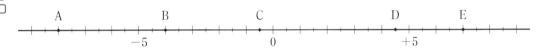

❸ 次の数の中から，下の(1)～(4)にあてはまる数をすべて選びなさい。知　　12点(各3点)

$$-3 \qquad \frac{3}{2} \qquad -4.5 \qquad 0 \qquad 4 \qquad -\frac{2}{3} \qquad -0.5 \qquad 3.5 \qquad -2$$

□(1)　絶対値が最も大きい数　　　　　　□(2)　最も大きい負の数

□(3)　自然数　　　　　　　　　　　　　□(4)　絶対値が 2 より小さい数

❹ 次の計算をしなさい。知　　　　　　　　　　　　　　　　　　24点(各3点)

□(1)　$8-(-6)$　　　　　　　　　　□(2)　$(-7)+19$

□(3)　$-6.5-1.2$　　　　　　　　　□(4)　$\left(-\dfrac{5}{6}\right)-\left(-\dfrac{1}{3}\right)$

□(5)　$(-9)+(+16)-(-4)$　　　　□(6)　$29-13-7-(-11)$

□(7)　$\dfrac{1}{2}-\left(-\dfrac{2}{3}\right)+3.5-\dfrac{3}{4}$　　　□(8)　$4.5-\dfrac{7}{3}-\left\{\left(-\dfrac{1}{6}\right)+1.5\right\}$

❺ 次の計算をしなさい。知　　　　　　　　　　　　　　　　　　24点(各3点)

□(1)　$(-4)\times 3$　　　　　　　　　□(2)　$(-12)\div(-12)$

□(3)　$2.5\times(-1.2)$　　　　　　　□(4)　$\left(-\dfrac{3}{4}\right)\div\dfrac{6}{7}$

□(5)　$-3^2\times(-2)^3$　　　　　　　□(6)　$(-4)^2\div 24\times\dfrac{5}{6}$

□(7)　$12-(-7)^2\times 2$　　　　　　□(8)　$-32+(-2)^3\times(-3)+6\times(-3)$

6 数の範囲が，分子および分母が整数である分数の集合であるとき，四則計算の中で，いつも計算ができるものには○を，計算ができない場合があるものには×を，解答らんにかき入れなさい。ただし，整数は分母が1の分数であると考えるものとします。例えば，$3 = \dfrac{3}{1}$ となります。**考**

8点(各2点)

7 次の表は，はるかさんの数学のテスト5回の得点や，基準点との差を表したものです。あとの問いに答えなさい。**考**

16点(各2点)

回　数　（回）	1	2	3	4	5
得　点　（点）	ア	イ	ウ	エ	70
基準との差(点)	+7	−2	+4	+9	−5

(1) 基準点は何点ですか。

(2) 5回のテストで，最高点と最低点との差は何点ですか。

(3) ア〜エにあてはまる数をかきなさい。

(4) 5回のテストでの平均点を求めなさい。

(5) 6回目のテストで何点をとれば平均点が80点になりますか。

❶	(1)		(2)	
❷	A	B	C	D	E
❸	(1)		(2)	
	(3)		(4)	
❹	(1)	(2)	(3)	(4)
	(5)	(6)	(7)	(8)
❺	(1)	(2)	(3)	(4)
	(5)	(6)	(7)	(8)
❻	加法	減法	乗法	除法
❼	(1)		(2)	
	(3) ア	イ	ウ	エ
	(4)		(5)	

❶ ／6点　❷ ／10点　❸ ／12点　❹ ／24点　❺ ／24点　❻ ／8点　❼ ／16点

Step 1　基本チェック　：　1節 文字と式　🕐 15分

教科書のたしかめ　[　]に入るものを答えよう！

❶ 文字を使った式　▶ 教 p.66-67　Step 2 ❶

解答欄

□(1)　1 個 x 円のりんごを 3 個と，1 個 y 円のなしを 5 個買ったときの
代金は（[$x \times 3 + y \times 5$]）円である。

(1) ＿＿＿＿＿＿

❷ 積の表し方　▶ 教 p.68-69　Step 2 ❷❸

次の(2)〜(5)の式を，×の記号を省いて表すと，

□(2)　$1 \times x = [\ x\ ]$，$x \times 2 = [\ 2x\ ]$，$x \times (-1) = [\ -x\ ]$

(2) ＿＿＿／＿＿

□(3)　$x \times 1.2 = [\ 1.2x\ ]$，$\left(-\dfrac{2}{3}\right) \times x = \left[\ -\dfrac{2}{3}x\ \right]$

(3) ＿＿＿／＿＿

□(4)　$a \times (-2) \times b = [\ -2ab\ ]$，$7 + x \times (-3) = [\ 7 - 3x\ ]$

(4) ＿＿＿／＿＿

□(5)　$a \times a = [\ a^2\ ]$，$x \times (-2) \times x \times x = [\ -2x^3\ ]$

(5) ＿＿＿／＿＿

❸ 商の表し方　▶ 教 p.70-71　Step 2 ❷❸

□(6)　次の式を÷の記号を使わないで表すと，

$b \div 5 = \left[\ \dfrac{b}{5}\ \right]$，$(x-1) \div 3 = \left[\ \dfrac{x-1}{3}\ \right]$

(6) ＿＿＿＿＿＿

❹ 式の値（あたい）　▶ 教 p.72-73　Step 2 ❹

□(7)　$x = -3$ のとき，$2x + 1 = [\ -5\ ]$，$-x^2 + 4 = [\ -5\ ]$

(7) ＿＿＿／＿＿

□(8)　$a = 2$，$b = -3$ のとき，$5a - ab = [\ 16\ ]$

(8) ＿＿＿＿＿＿

❺ いろいろな数量の表し方　▶ 教 p.74-76　Step 2 ❺-❼

□(9)　長さ 5 m のリボンから a cm のリボンを 3 本切り取ると，残りの
リボンは，$\left(\left[\ 5 - \dfrac{3}{100}a\ \right]\right)$ m である。

(9) ＿＿＿＿＿＿

□(10)　底面の半径が r cm，高さが 10 cm の円柱の体積を，円周率をπ（パイ）
として，文字式（もじしき）で表すと，（[$10\pi r^2$]）cm³ である。

(10) ＿＿＿＿＿＿

教科書のまとめ　＿＿に入るものを答えよう！

□ a や x などの文字を使って表した式を 文字式 という。

□ 乗法の記号×は省く。同じ文字の積は，累乗（るいじょう）の 指数 を使ってかく。

□ 数と文字の積では，数を文字の 前 にかく。

□ 除法の記号÷は使わないで， 分数 の形でかく。

□ 式の中の文字の代わりに数をあてはめることを， 代入する という。代入（だいにゅう）して計算した結果を，
その 式の値 という。

2章

Step 2　予想問題　1節 文字と式

1ページ
30分

💡ヒント

【数量を文字式で表す①】

❶ 次の数量を，×や÷の記号を使って，文字式で表しなさい。

□(1) 200 km の道のりを行くのに，時速 x km で 3 時間進んだときの
残りの道のり　　　　　　　（　　　　　　　）

□(2) 1 個 a 円のりんご 8 個と 1 個 b 円のレモン 5 個を買ったときの代
金　　　　　　　　　　（　　　　　　　）

□(3) x m のリボンを 5 等分したときの 1 本分の長さ
（　　　　　　　）

❶

(1)道のりは，

(速さ)×(時間)

❌｜ミスに注意

単位を忘れないよう
にする。文字式を
かっこでくくり，そ
の後ろに単位をかく。

【文字式の表し方】

❷ 次の式を，×，÷を使わない式にしなさい。

□(1) $a\times(-3)$　　　□(2) $(-1)\times y$　　　□(3) $y\times\left(-\dfrac{2}{3}\right)\times x$
（　　　　　）　　（　　　　　）　　（　　　　　）

□(4) $y\times 0.1\times x$　　□(5) $a\div 6\times b$　　□(6) $b\div c\times a$
（　　　　　）　　（　　　　　）　　（　　　　　）

□(7) $a\times a\times a$　　□(8) $x\times 2\times y\times x$　　□(9) $a\div\left(-\dfrac{3}{4}\right)-b\times 5$
（　　　　　）　　（　　　　　）　　（　　　　　）

□(10) $(x\times 2-y\times 3)\times 3$　□(11) $a-(b+c)\div 2$　□(12) $x\div y-2\div z$
（　　　　　）　　（　　　　　）　　（　　　　　）

❷

数字は文字の前にかく。
積の形の文字はアル
ファベット順にかくの
がふつうである。

(7)(8)同じ文字の積は累
乗の指数で表す。

【×，÷の記号を使って表す】

❸ 次の式を，×，÷を使った式にしなさい。

□(1) $2ab^2$　　　　　　　　□(2) $0.3(b^2-a)c$
（　　　　　　　）　　　　（

□(3) $\dfrac{x^2+y}{4}$　　　　　　□(4) $5a-\dfrac{3c}{b}$
（　　　　　　　）　　　　（　　　　　　　）

□(5) $2-\dfrac{2x-3y}{3xy}$　　　　□(6) $2a^2b+\dfrac{b^2}{a}$
（　　　　　　　）　　　　（　　　　　　　）

❸

累乗は同じ文字の積の
形にかく。

(3)(5)分子の式をかっこ
でくくる。

【式の値】

❹ $a=-3$, $b=2$ のとき，次の式の値を求めなさい。

□(1)　$-4a$　　　　　□(2)　$-2a^3$　　　　　□(3)　a^2-2a+3

（　　　　　　）　（　　　　　　）　（　　　　　　）

□(4)　$2a+3b$　　　　□(5)　$\dfrac{1}{2}a^2+\dfrac{1}{3}b^2$　　□(6)　$\dfrac{1}{a}+\dfrac{1}{b}$

（　　　　　　）　（　　　　　　）　（　　　　　　）

【数量を文字式で表す②】

❺ 次の数量を，文字式で表しなさい。

□(1)　x kg の 30 %　　　　　　（　　　　　　　　）

□(2)　定価 a 円の 2 割引きの値段　（　　　　　　　　）

□(3)　面積が 200 cm^2 である長方形の縦の長さが x cm のときの横の長
さ　　　　　　　　　（　　　　　　　　）

□(4)　一の位の数が a，十の位の数が b である 2 桁の数

（　　　　　　　　）

【単位をそろえる】

❻ 次の数量の和を，〔　　〕に示した単位で表しなさい。

□(1)　a L と b mL　〔mL〕　（　　　　　　　　）

□(2)　x 分と y 秒　〔秒〕　（　　　　　　　　）

□(3)　a m と b cm　〔m〕　（　　　　　　　　）

【式の意味】

❼ A 地点を自動車で出発して，200 km 離れた B 地点に向かいました。
はじめは時速 x km で進んで，2 時間後に P 地点に着きました。その
後は速さを 10 km 増して，B 地点まで走りました。このとき，次の式
は何を表していますか。

□(1)　$2x$　　　　　　　　　（　　　　　　　　）

□(2)　$200-2x$　　　　　　　（　　　　　　　　）

□(3)　$x+10$　　　　　　　　（　　　　　　　　）

Step 1 基本チェック ： 2 節 1 次式の計算　3 節 文字式の活用

15分

教科書のたしかめ　[　]に入るものを答えよう！

2章

2節 ❶ 1 次式の項と係数　▶ 教 p.78-79　Step 2 ❶

解答欄

□(1)　式 $-5x+3$ は[1]次式で，項は[$-5x,\ 3$]，x の係数は[-5]
　　　である。また，定数項は[3]である。

(1)　＿＿＿＿＿＿＿＿

2節 ❷ 1 次式の加法と減法　▶ 教 p.80-81　Step 2 ❷-❹

＿＿＿＿＿＿＿／

□(2)　$(2a+3)+(4a-7)=2a+3+4a-7$
　　　$=2a+4a+3-7=[\ 6a-4\ ]$

(2)　＿＿＿＿＿＿＿＿

□(3)　$(3x-2)-(5x-3)=3x-2-5x-(-3)=3x-2-5x+3$
　　　$=3x-5x-2+3=[\ -2x+1\ ]$

(3)　＿＿＿＿＿＿＿＿

2節 ❸ 1 次式と数の乗法　▶ 教 p.82-83　Step 2 ❺

□(4)　$4x×(-2)=[\ -8x\ ]$　　　$(3x-5)×(-3)=[\ -9x+15\ ]$

(4)　＿＿＿＿＿＿＿＿

2節 ❹ 1 次式を数でわる計算　▶ 教 p.84-85　Step 2 ❺

＿＿＿＿＿＿＿＿＿

□(5)　$12a÷4=[\ 3a\ ]$　　　$(8a+6)÷(-2)=[\ -4a-3\ ]$

(5)　＿＿＿＿＿＿＿＿

3節 ❶ 碁石の総数を表す式を求め説明しよう　▶ 教 p.87-89　Step 2 ❻

＿＿＿＿＿＿＿＿＿

□(6)　碁石を 1 辺が n 個の正方形に並べると，いちばん外側の周にあ
　　　る碁石の数は $(4n-4)$ 個または[$4(n-1)$]個と表される。

(6)　＿＿＿＿＿＿＿＿

3節 ❷ 等しい関係を表す式　▶ 教 p.90-91　Step 2 ❼

□(7)　「x の 2 倍に 5 を加えた数は，y の 5 倍から 7 をひいた数に等しい。」
　　　を等式で表すと，[$2x+5=5y-7$]

(7)　＿＿＿＿＿＿＿＿

3節 ❸ 大小の関係を表す式　▶ 教 p.92-93　Step 2 ❼

□(8)　「1 個 x 円のりんごを 3 個と 1 個 y 円のなしを 2 個買った代金は
　　　1000 円より安かった。」を不等式で表すと，[$3x+2y<1000$]

(8)　＿＿＿＿＿＿＿＿

教科書のまとめ　＿＿に入るものを答えよう！

□式 $3x-2$ で，加法の記号＋で結ばれた $3x$，-2 を，式 $3x-2$ の 項 という。項 $3x$ を 1次の項
　といい，3 を x の 係数 という。また，式 $3x-2$ のように，x の 1 次の項と数の和で表された
　式を 1次式 という。

□等号を使って数量の等しい関係を表した式を 等式 という。

□等式で，等号の左側にある式を 左辺，右側にある式を 右辺 といい，両方合わせて 両辺 という。

□不等号を使って数量の大小関係を表した式を 不等式 という。

Step 2 予想問題　**2節 1次式の計算**
3節 文字式の活用

1ページ
30分

【項と係数】

❶ 次の1次式について，1次の項とその係数を答えなさい。

□(1)　$-4x+5$　　1次の項（　　　　　）　係数（　　　　　）

□(2)　$8+\dfrac{2}{3}a$　　1次の項（　　　　　）　係数（　　　　　）

□(3)　$\dfrac{x}{2}+6$　　1次の項（　　　　　）　係数（　　　　　）

【項をまとめる】

❷ 次の式の項をまとめなさい。

□(1)　$2a-a$　　　　　　　□(2)　$7x-3+5+2x$

□(3)　$-3y+8+3y-13$　　□(4)　$\dfrac{3}{4}x-\dfrac{1}{2}-\dfrac{1}{3}x+\dfrac{2}{5}$

【1次式の加法】

❸ 次の計算をしなさい。

□(1)　$(3a+4)+(4a+1)$　　□(2)　$(5x-2)+(3x-4)$

□(3)　$(-5n+3)+(2n-7)$　　□(4)　$\left(\dfrac{1}{6}x-3\right)+\left(-\dfrac{1}{2}x+\dfrac{2}{3}\right)$

【1次式の減法】

❹ 次の計算をしなさい。

□(1)　$(8m+3)-(3m+7)$　　□(2)　$(3x-1)-(-x+2)$

□(3)　$(2.4a+3)-(2.3a-1.2)$　　□(4)　$\left(\dfrac{2}{3}y-\dfrac{1}{2}\right)-\left(\dfrac{1}{2}y-\dfrac{4}{3}\right)$

💡**ヒント**

❶
(3)1次の項を積の形で
表して考える。

❷
1次の項，定数項をそ
れぞれまとめる。
(4)1次の項，定数項そ
れぞれで通分する。

❸
かっこをはずし，1次
の項，定数項をまとめ
る。

❹
かっこをはずし，1次
の項，定数項をまとめ
る。

❌**ミスに注意**

かっこをはずすとき
のミスが多いので注
意が必要。かっこの
前が負のときは，
かっこの中の各項の
符号を変えてかっこ
をはずす。

　　　　　　　　　　　　　　　　　　　　　　　　　　[解答 ▶ p.6]

【1次式と数の乗法，除法】

よく出る

❺ 次の計算をしなさい。

□(1)　$4×(-3y)$

□(2)　$(-2a)×(-3)$

□(3)　$12x÷3$

□(4)　$9y÷\left(-\dfrac{12}{5}\right)$

□(5)　$-3(2a-3)$

□(6)　$(-6x+8)×\left(-\dfrac{1}{2}\right)$

□(7)　$(-24x+9)÷36$

□(8)　$\left(\dfrac{8}{5}x-6\right)÷\dfrac{4}{3}$

🔔ヒント

❺
数でわるときは，その数の逆数をかける。

📋テスト得ダネ
計算では，かっこをはずす問題がよく出題される。特に，かっこの前の数の符号が－であるときに注意。

2章

【碁石の総数を文字式で表す】

❻ 下の図のように，碁石を1辺の個数が n 個の正方形になるように並べるとき，次の問いに答えなさい。

図1　　　　　　図2

□(1)　図1を利用して，全体の碁石の個数を n を使った式に表しなさい。

（　　　　　　　　　　　　）

□(2)　図2を利用して，全体の碁石の個数を n を使った式に表しなさい。

（　　　　　　　　　　　　）

❻
同じパターンがいくつあるか考える。

【数量の関係を表す式】

よく出る

❼ 次の数量の間の関係を，等式や不等式で表しなさい。

□(1)　1本 x 円の鉛筆5本と1個 y 円の消しゴム3個を買って，1000円出したときのおつりは z 円だった。

（　　　　　　　　　　　　）

□(2)　ある数 a の2倍に3をたすと，100からある数 b の3倍をひいたものに等しくなる。

（　　　　　　　　　　　　）

□(3)　ある動物園の入園料は，大人1人が a 円，子ども1人が b 円である。大人2人分と子ども3人分の入園料は2000円かからない。

（　　　　　　　　　　　　）

❼
(1)代金を求める式，またはおつりを求める式をつくる。
(3)不等式をつくる。

📋テスト得ダネ
式の表し方は1通りではないことが多いが，「…すると，…」，「…して，…」などのように，コンマ(,)で文が切れることが多く，コンマの前を左辺の式，後を右辺の式にするとよい。

Step 3 予想テスト　**2章 文字と式**

30分　目標 80点　／100点

❶ 次の式を，×や÷を使わない式にしなさい。知　12点(各3点)

☐(1)　$a \times (-7)$

☐(2)　$(3x - 4) \div 3$

☐(3)　$x \times 3 \div y$

☐(4)　$b \times b \times (-2) - a \times b$

❷ 次の式を，×や÷を使った式にしなさい。知　12点(各3点)

☐(1)　$5a - \dfrac{b}{3}$

☐(2)　$x^2 + xy^2$

☐(3)　$\dfrac{a+b}{2c}$

☐(4)　$\dfrac{1}{3}(x - y) + x^3$

❸ 次の数量を，文字式で表しなさい。知　12点(各3点)

☐(1)　縦 a cm，横 b cm の長方形の面積

☐(2)　定価 x 円の3割

☐(3)　20 km の道のりを，時速 x km の自転車で走ったときにかかる時間

☐(4)　1個 a 円のショートケーキを2個買って，1000円で支払ったときのおつり

❹ $x = -2$，$y = 3$ のとき，次の式の値を求めなさい。知　12点(各3点)

☐(1)　$10 - 3x$

☐(2)　$-3x^2 + 4x$

☐(3)　$\dfrac{2}{3}x^2 + \dfrac{1}{2}y^3$

☐(4)　$\dfrac{1}{x} + \dfrac{1}{y}$

❺ 次の計算をしなさい。知　24点(各3点)

☐(1)　$6x - 7x$

☐(2)　$-8y + 5 + 3y$

☐(3)　$(3a + 5) + (2a - 11)$

☐(4)　$(4x - 7) - (9x - 4)$

☐(5)　$-3(2x - 3)$

☐(6)　$\dfrac{1}{4}(24a - 20b)$

☐(7)　$5(2y - 1) - 3(4y + 2)$

☐(8)　$\dfrac{1}{5}(-10a + 15) - \dfrac{1}{3}(3a + 12)$

6 次の数量の間の関係を，等式や不等式で表しなさい。 知 考　　　　20点(各4点)

☐(1)　x の 2 倍から 5 をひくと，y の 3 倍に 5 を加えた数に等しい。

☐(2)　長さ 5 m のリボンから長さ a cm のリボンを 3 本切り取ると，残りは b cm であった。

☐(3)　A，B，C，D，E の 5 人の数学のテストの得点はそれぞれ a，b，c，d，e である。A と B の 2 人の得点の平均は，C，D，E の 3 人の得点の平均よりも 2 点高かった。

点UP ☐(4)　正の整数 a を 6 でわると，商が b で余りが 5 になる。

☐(5)　1 個 x 円のアイスクリーム 5 個と 1 本 y 円のジュース 3 本の代金は 2000 円しなかった。

点UP **7** 碁石を 2 列に，1 辺が x 個の正方形になるように並べました。はやとさんは，右の図のように区切って，全体の碁石の数を求めることにしました。次の問いに答えなさい。 考　　　　8点(各4点)

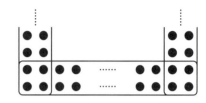

☐(1)　はやとさんの考えにしたがって，全体の碁石の数を求める式をかきなさい。

☐(2)　はるかさんは，全体の碁石を求めるはじめの式として，$(x-2)\times2\times4$ を考えました。はるかさんは，碁石をどのように区切りましたか。解答らんの図に区切りを入れなさい。

❶	(1)	(2)	(3)	(4)
❷	(1)		(2)	
	(3)		(4)	
❸	(1)	(2)	(3)	(4)
❹	(1)	(2)	(3)	(4)
❺	(1)	(2)	(3)	(4)
	(5)	(6)	(7)	(8)

❻	(1)	❼	(1)
	(2)		(2)
	(3)		
	(4)		
	(5)		

Step 1　基本チェック　：　1節 方程式　⏱ 15分

教科書のたしかめ　[ ]に入るものを答えよう!

❶ 方程式　▶教 p.100-101　Step 2 ❶❷

解答欄

□(1) 次の方程式のうち，4が解であるものは[⑦]である。
　㋐ $2x-3=7$　㋑ $6-2x=2$　㋒ $5x+1=21$

(1) _____

❷ 等式の性質　▶教 p.102-103　Step 2 ❸❹

□(2) 方程式 $x-3=2$ の両辺に[3]をたすと，$x=$[5]

(2) ／

□(3) 方程式 $x+6=3$ の両辺から[6]をひくと，$x=$[-3]

(3) ／

□(4) 方程式 $\frac{1}{5}x=2$ の両辺に[5]をかけると，$x=$[10]

(4) ／

□(5) 方程式 $3x=12$ の両辺を[3]でわると，$x=$[4]

(5) ／

❸ 1次方程式の解き方　▶教 p.104-105　Step 2 ❺

□(6) 方程式 $6x+5=2x+13$ を解くには，
　　5と[$2x$]をそれぞれ移項して，
　　$6x-$[$2x$]$=13-5$
　　　[$4x$]$=8$
　　　　$x=$[2]

(6) _____

❹ いろいろな1次方程式の解き方①　▶教 p.106-107　Step 2 ❻❼

□(7) 方程式 $2(x+1)=x+5$ を解くと，$x=$[3]

(7) _____

□(8) 方程式 $0.6x+0.9=-0.3$ を解くと，$x=$[-2]

(8) _____

❺ いろいろな1次方程式の解き方②　▶教 p.108-110　Step 2 ❽❾

□(9) 方程式 $\frac{1}{4}x=\frac{2}{3}x+5$ を解くと，$x=$[-12]

(9) _____

教科書のまとめ　___ に入るものを答えよう!

□ x の値によって，成り立ったり，成り立たなかったりする等式を，x についての 方程式 という。

□ 等式の性質…$A=B$ ならば，次の等式が成り立つ。
　1 両辺に同じ数をたしても成り立つ。　$A+C=\underline{B+C}$
　2 両辺から同じ数をひいても成り立つ。　$A-C=\underline{B-C}$
　3 両辺に同じ数をかけても成り立つ。　$AC=\underline{BC}$
　4 両辺を同じ数でわっても成り立つ。　$\frac{A}{C}=\underline{\frac{B}{C}}\ (C\neq0)$

□ 等式の一方の辺にある項を，符号を変えて他方の辺に移すことを，移項 という。

Step 2 予想問題　　**1節 方程式**

1ページ
30分

3章

【方程式の解①】

❶ -2, -1, 0, 1, 2 のうち，方程式 $-x+5=6x-2$ の解はどれですか。

（　　　　　　　）

ヒント

❶
$x=-2$, -1, … を順に代入して，左辺の値と右辺の値を比較する。

【方程式の解②】

❷ 次の方程式のうち，-3 が解であるものを選びなさい。

㋐　$8-2x=3$　　　　　　㋑　$4x=-x+15$

㋒　$3x+4=5x+12$　　　㋓　$3(x+9)=3-5x$

（　　　　　　　）

❷
$x=-3$ を代入して，左辺の値と右辺の値を比較する。

【等式の性質】

❸ 次の方程式を解くとき，①と②の式の変形では，等式の性質のうち，どれを使っていますか。右の表から選び，記号で答えなさい。

$$\frac{2}{3}x+4=8$$
$$\frac{2}{3}x+4-4=8-4 \quad ①$$

$$\frac{2}{3}x=4$$
$$\frac{2}{3}x\times\frac{3}{2}=4\times\frac{3}{2} \quad ②$$

$$x=6$$

── 等式の性質 ──

$A=B$ ならば

㋐　$A+C=B+C$

㋑　$A-C=B-C$

㋒　$AC=BC$

㋓　$\dfrac{A}{C}=\dfrac{B}{C}$　$(C\neq0)$

①（　　　　　　　）　②（　　　　　　　）

❸
①両辺から 4 をひいている。
②両辺に $\dfrac{3}{2}$ をかけている。

【等式の性質と方程式】

❹ 次の方程式を解きなさい。

□(1)　$x-6=-4$　　　　　□(2)　$7+x=12$

□(3)　$\dfrac{x}{4}=-3$　　　　　□(4)　$5x=30$

❹
等式の性質を用いて x の値を求める。

【方程式】

よく出る

❺ 次の方程式を解きなさい。

□(1)　$3x+5=20$　　　　　□(2)　$6x=4x-10$

□(3)　$2x-9=5x+3$　　　　□(4)　$-4x+7=3x+21$

❺
移項によって x の項は左辺に，数の項は右辺にまとめる。

【かっこのある方程式】

❻ 次の方程式を解きなさい。

☐(1)　$3(x-2)=-2x+14$　　　☐(2)　$-4(2a-3)=2a-8$

☐(3)　$20(4x-9)=300$　　　☐(4)　$96x=16(3x+15)$

☐(5)　$3x-4(3-2x)=10$　　　☐(6)　$5x-3=2(4x-9)$

【小数をふくむ方程式】

❼ 次の方程式を解きなさい。

☐(1)　$0.3x-0.5=1.9$　　　☐(2)　$1.2a-0.3=0.4a+2.9$

☐(3)　$0.24-0.16y=1.32-0.25y$　　　☐(4)　$1.5-1.4x=-0.5x-3$

☐(5)　$0.16x+0.24=-0.04x+1.44$　　　☐(6)　$0.35-0.25x=0.6x-2.2$

【分数をふくむ方程式】

❽ 次の方程式を解きなさい。

☐(1)　$\dfrac{1}{2}x-2=\dfrac{1}{3}x$　　　☐(2)　$\dfrac{3}{4}y+2=\dfrac{1}{3}y+\dfrac{9}{2}$

☐(3)　$\dfrac{2x-7}{3}=\dfrac{2x-5}{5}$　　　☐(4)　$\dfrac{a}{6}-1=\dfrac{a-3}{4}$

☐(5)　$\dfrac{1}{3}x=\dfrac{4x+1}{5}-3$　　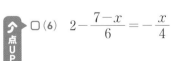　☐(6)　$2-\dfrac{7-x}{6}=-\dfrac{x}{4}$

【方程式の解】

❾ x についての方程式 $5x+6a=-2x+11a-5$ の解が 5 であるとき，a の値を求めなさい。

ヒント

❻
分配法則を用いてかっこをはずす。
(3)かっこをはずす前に両辺を 20 でわる。
(4)かっこをはずす前に両辺を 16 でわる。

❼
そのまま計算してもよいが，両辺を 10 倍したり，100 倍したりして，係数を整数に直してから計算するとミスが少なくなる。
(1)(2)(4)両辺を 10 倍する。
(3)(5)(6)両辺を 100 倍する。

❽
分母の最小公倍数をかけて分母をはらってから計算する。

ミスに注意
ある数をかけて分数の係数の分母をはらうとき，定数項にかけるのも忘れないようにしよう。

❾
$x=5$ を代入すると，a についての方程式になる。

　　　　　　　　　　　　　　　　　　　[解答 ▶ p.9-10]

Step 1 基本チェック ： 2節 方程式の活用

15分

教科書のたしかめ　[ ]に入るものを答えよう！

❶ 方程式の活用　▶教 p.112-113　Step 2 ❶❷

解答欄

□(1)　問題「1個150円のプリンを3個とケーキを2個買ったら，代金は950円でした。ケーキ1個の値段を求めなさい。」

解 ケーキ1個の値段を x 円とすると，

$150×3＋[\,2x\,]＝950$

これを解くと，$x＝[\,250\,]$

ケーキ1個が$[\,250\,]$円とすると，問題にあう。　答　$[\,250\,]$円

(1) _____
_____
_____
_____

❷ 過不足の問題　▶教 p.114-115　Step 2 ❸

□(2)　問題「キャンディーを何人かの子どもに配るのに，1人に5個ずつ配ると5個余り，1人に6個ずつ配ると2個たりません。子どもの人数とキャンディーの個数を求めなさい。」

解 子どもの人数を x 人とすると，

$5x＋5＝[\,6x-2\,]$　これを解くと，$x＝[\,7\,]$

キャンディーの個数は$5×[\,7\,]＋5＝[\,40\,]$(個)

子どもの人数を$[\,7\,]$人，キャンディーの個数を$[\,40\,]$個とすると，問題にあう。　答　子ども$[\,7\,]$人，キャンディー$[\,40\,]$個

(2) _____／_____
_____／_____
_____／_____
_____／_____

❸ 速さの問題　▶教 p.116-117　Step 2 ❹❺

❹ 比例式とその活用　▶教 p.118-119　Step 2 ❻-❽

□(3)　6：8の比の値は，$\left[\,\dfrac{3}{4}\,\right]$

(3) _____

□(4)　比例式 3：5＝x：20 が成り立つときの x の値は，$x＝[\,12\,]$

(4) _____

教科書のまとめ　___ に入るものを答えよう！

□ 方程式の解き方

1 どの数量を x で表すか決める。

2 問題にふくまれる数量を，x を使って表す。

3 等しい関係に着目して，方程式 をつくる。

4 方程式を解く。

5 方程式の 解 が，問題にあうかどうかを確かめる。

□ $a：b＝c：d$ で表される式を 比例式 という。

□ $a：b＝c：d$ のとき，$ad＝$ bc が成り立つ。

Step 2 予想問題　2節 方程式の活用

1ページ
30分

【方程式の活用】

❶ 母の年齢は 36 歳，子の年齢は 12 歳です。母の年齢が子の年齢の 2 倍になるのは何年後ですか。

□(1)　x 年後に 2 倍になったとして，方程式をつくりなさい。

（　　　　　　　　　　　　　　　）

□(2)　何年後に 2 倍になるか求めなさい。　（　　　　　　）

【2 つの数量を求める】

❷ 1 個 180 円のりんごと 1 個 120 円のかきを合わせて 12 個買ったら，代金は 1680 円でした。りんごとかきはそれぞれ何個買いましたか。

□(1)　りんごを x 個買ったとして，方程式をつくりなさい。

（　　　　　　　　　　　　　　　）

□(2)　買った個数を求めなさい。　りんご（　　　　　）かき（　　　　　）

【過不足の問題】

点UP

❸ 長いすが何脚かあります。生徒が 1 脚に 4 人ずつ座ると 13 人が座れません。1 脚に 5 人ずつ座ると，3 人掛けのいすが 1 脚でき，だれも座らないいすが 3 脚できます。長いすの脚数と生徒の人数を求めなさい。

□(1)　長いすの脚数を x 脚として，方程式をつくりなさい。

（　　　　　　　　　　　　　　　）

□(2)　生徒の人数を x 人として，方程式をつくりなさい。

（　　　　　　　　　　　　　　　）

□(3)　(1)の方程式を解いて，長いすの脚数と生徒の人数を求めなさい。

長いす（　　　　　　　）生徒の人数（　　　　　　　）

【速さの問題】

❹ A 地点を，兄は分速 80 m，弟は分速 60 m で同時に出発して B 地点に向かったところ，弟は兄より 15 分遅れて到着しました。

□(1)　AB 間の道のりを x m として，方程式をつくりなさい。

（　　　　　　　　　　　　　　　）

□(2)　AB 間の道のりと兄のかかる時間を求めなさい。

AB 間の道のり（　　　　　　　）兄のかかる時間（　　　　　　　）

ヒント

❶
x 年後に，
母は $(36+x)$ 歳，
子は $(12+x)$ 歳
になる。

❷
りんごの個数を x 個と
すると，かきの個数は
$(12-x)$ 個となる。

❸
(1) 5 人座っているいす
は，$(x-4)$ 脚になる。
(2) 5 人座っているいす
の脚数は，
$\dfrac{x-3}{5}$ 脚になる。

❹
兄のかかる時間は $\dfrac{x}{80}$
分になる。

【方程式の解の確かめ】

❺ さやかさんの学校は家から 1000 m のところにあります。ある日曜日の朝，さやかさんは，部活のために家を出て，分速 60 m で学校に向かいました。さやかさんが家を出て 15 分後に，さやかさんの忘れ物に気づいたお兄さんが，分速 260 m の自転車でさやかさんを追いかけました。お兄さんがさやかさんに追いつくまでにかかった時間を求めなさい。

□(1)　お兄さんが家を出てからさやかさんに追いつくまでの時間を x 分として方程式をつくりなさい。

（　　　　　　　　　　　　　　　　　）

□(2)　(1)の方程式を解き，解が問題にあうかどうかを確かめなさい。問題にあうときはその答えをかきなさい。あわないときは，あわない理由を説明しなさい。

（　　　　　　　　　　　　　　　　　　　　　　　　）

【比の値】

❻ 次の比の値を求めなさい。

□(1)　$6:4$　　　　　□(2)　$\dfrac{2}{3}:\dfrac{5}{6}$　　　　　□(3)　$2.4:7.2$

【比例式】

❼ 次の比例式の x の値を求めなさい。

□(1)　$4:3=x:9$　　　　　□(2)　$x:2=12:8$

□(3)　$6:18=4:x$　　　　　□(4)　$7:x=56:48$

□(5)　$4:(x-2)=20:35$　　　　　□(6)　$\dfrac{3}{4}:6=x:\dfrac{8}{9}$

【比例式の活用】

❽ 1000 g の小麦粉を使ってうどんを打つには，水 450 g に食塩を 50 g とかした食塩水が必要です。これについて，次の問いに答えなさい。

□(1)　小麦粉が 1500 g のとき，食塩は何 g 必要ですか。食塩の量を x g として比例式をつくり，食塩の量を求めなさい。

式（　　　　　　　　　　　　）　食塩の量（　　　　　）

□(2)　(1)のとき，必要な水の量を求めなさい。　　（　　　　　）

❺
(1)さやかさんが進んだ時間が $(x+15)$ 分であれば，進んだ道のりは $60(x+15)$ m になる。
(2)お兄さんがさやかさんに追いつくまでの時間から，道のりを考える。

❻
$a:b$ において，前の項を後の項でわった $\dfrac{a}{b}$ を，比の値という。

❼
$a:b=c:d$ のとき，$ad=bc$ が成り立つ。

📋テスト得ダネ
(4)では
$56x=7\times48$
が成り立つが，7×48 の計算はしないで，
$x=\dfrac{7\times48}{56}$
としてから，約分をすると計算ミスが少なくなる。

❽
(1)「小麦粉の量：食塩の量」で比例式をつくる。
(2)「小麦粉の量：水の量」で比例式をつくる。

Step 3 予想テスト : **3章 方程式**

30分　目標80点　／100点

❶ 次の方程式のうち，$x=-2$ が解となるものを選びなさい。知　4点
　㋐　$x-7=-5$　　　　㋑　$2x+5=3x+4$　　　　㋒　$2(3x-4)=5x-10$

❷ 次の方程式を解きなさい。知　40点（各4点）

(1)　$x-6=3$

(2)　$\dfrac{x}{5}=-4$

(3)　$3x+7=19$

(4)　$9x-5=4x+35$

(5)　$7x+2=10-5x$

(6)　$3(3x-2)=5x+22$

(7)　$4.7x-1.2=2.3x+3.6$

(8)　$0.15x+3.3=0.24x+5.1$

(9)　$\dfrac{x}{4}+1=\dfrac{x}{5}$

(10)　$\dfrac{2x+1}{3}=\dfrac{3x+2}{4}$

❸ x についての方程式 $3x-2a=7x+4a+32$ の解が $x=-2$ であるとき，a の値を求めなさい。
知　6点

❹ キャンディーを子どもに配るのに，1人に5個ずつ配ると5個余ります。また，1人に6個ずつ配ると8個たりません。子どもの人数を x 人として方程式をつくり，子どもの人数とキャンディーの個数を求めなさい。考　8点（式4点，答4点）

❺ 1個150円のりんごと1個80円のなしを合わせて20個買ったところ，代金は2160円でした。買ったりんごの個数を x 個として方程式をつくり，りんごとなしの個数を求めなさい。考　8点（式4点，答4点）

6 A，B 両地点間の道のりは 1800 m あります。ある時刻に弟は分速 60 m で A 地点から B 地点に向かって歩き始めました。兄は弟が出発してから 10 分後に，自転車に乗って分速 240 m で B 地点から A 地点に向かいました。兄が出発してから弟に出会うまでの時間を x 分として，方程式をつくりなさい。また，2 人が出会った地点から A 地点までの道のりを求めなさい。考

8 点(式 4 点，答 4 点)

7 次の比例式において，x の値を求めなさい。知

16 点(各 4 点)

- (1) $x:6=40:48$
- (2) $72:96=x:4$

- (3) $(x+5):16=5:2$
- (4) $28:12=(4x-1):15$

8 A の所持金は 8400 円，B の所持金は 6000 円でした。ある店で 2 人とも同じ品物を買ったので，A と B の所持金の比は 5：3 になりました。2 人が買った品物の値段を x 円として比例式をつくり，品物の値段を求めなさい。考

10 点(式 5 点，答 5 点)

1				
2	(1)	(2)	(3)	(4)
	(5)	(6)	(7)	(8)
	(9)	(10)		
3				
4	式		子ども 人 キャンディー 個	
5	式		りんご 個 なし 個	
6	式			m
7	(1)	(2)	(3)	(4)
8	式			円

Step 1 基本チェック ： 1節 関数　2節 比例 ⏱ 15分

教科書のたしかめ　[ ]に入るものを答えよう！

1節 ❶ ともなって変わる2つの数量　▶ 教 p.126-127　Step 2 ❶

解答欄

□(1)　x 円の品物を買って，1000 円出したときのおつりを y 円とするとき，y を x の式で表すと，[$y=1000-x$]である。

このとき，y は x の[関数]であるといえる。

(1) _____

2節 ❶ 比例を表す式　▶ 教 p.128-129

□(2)　縦 10 cm，横 x cm の長方形の面積が y cm^2 であるとき，y を x の式で表すと，[$y=10x$]である。

このとき，y は x に[比例]し，比例定数は[10]である。

(2) _____

2節 ❷ 比例と変域　▶ 教 p.130-131　Step 2 ❷❸

□(3)　比例 $y=-2x$ において，x の変域が $-2\leqq x\leqq3$ であるとき，y の変域は[$-6\leqq y\leqq4$]である。

(3) _____

2節 ❸ 数の範囲の広がりと比例の性質　▶ 教 p.132-133　Step 2 ❸

2節 ❹ 座標　▶ 教 p.134-135　Step 2 ❹

□(4)　右の図において，点 P の x 座標は[3]であり，[y 座標]は2である。

(4) _____

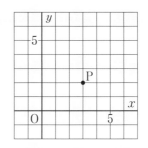

2節 ❺ 比例のグラフ　▶ 教 p.136-137　Step 2 ❺

2節 ❻ 比例のグラフのかき方と特徴　▶ 教 p.138-140　Step 2 ❻

□(5)　比例 $y=3x$ のグラフは，原点と，点 $(1,$ [3] $)$ を通る直線で，x の値が増加すると，y の値は[増加]する。

(5) _____

2節 ❼ 比例の式の求め方　▶ 教 p.141-142　Step 2 ❼❽

教科書のまとめ　___ に入るものを答えよう！

□ いろいろな値をとる文字を 変数 という。

□ ともなって変わる2つの変数 x，y があって，x の値を決めると，それに対応する y の値がただ1つ決まるとき，y は x の 関数 であるという。

□ $y=ax$ のグラフは，$a>0$ のとき右上がり，$a<0$ のとき 右下がり になる。

Step 2 ［予想問題］
1節 関数
2節 比例

1ページ
30分

4章

【ともなって変わる2つの数量】

❶ 次の①～④において，y が x の関数であるといえるものをすべて選びなさい。

① 身長が x cm の人の体重 y kg

② x cm のリボンを5等分したときの1本の長さ y cm

③ 100 km の道のりを時速 x km で進んだときにかかる時間 y 時間

④ 周の長さが x cm の三角形の面積 y cm² 　　（　　　　　）

ヒント

❶
y が x の関数であるとき，x の値が決まると，それに対応して y の値はただ1つ決まる。
④三角形の面積
　＝底辺×高さ÷2

【変域】

❷ 次の場合について，変数 x の変域を，不等号を使って表しなさい。

(1)　x は3以上 　　　　　　（　　　　　　）

(2)　x は -1 以上3未満 　　（　　　　　　）

❷
不等号を1つ用いて変数の変域を表すときは，ふつう，変数を左側にかく。不等号を2つ用いて変数の変域を表すときは，ふつう，小さい数値を左側にかく。

【数の範囲の広がりと比例の性質】

❸ 下の表は，y が x に比例する関係を示したものです。次の問いに答えなさい。

x	…	-5	…	-1	0	1	…	㋒	…
y	…	㋐	…	9	0	㋑	…	-108	…

(1)　㋐～㋒にあてはまる数をかきなさい。

㋐（　　　　　）　㋑（　　　　　）　㋒（　　　　　）

(2)　y を x の式で表しなさい。 　　（　　　　　　）

(3)　x の変域が $-6 \leq x \leq 13$ であるとき，y の変域を求めなさい。

（　　　　　　）

❸
(1)y が x に比例するときは，商 $\dfrac{y}{x}$ は一定になる。
(3)$x = -6$, 13 のときの y の値を求める。

【座標】

❹ 座標について，次の問いに答えなさい。

(1)　右の図の点 A, B の座標を表しなさい。

A（　，　）　B（　，　）

(2)　次の点 C, D を右の図にかき入れなさい。

C（0, 3）　　D（-4, 1）

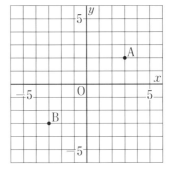

❹
(1)点の座標は，
　（x 座標，y 座標）
　と表す。
(2)(0, a) は x 座標が0，つまり y 軸上の点を表す。

【比例のグラフ①】

❺ 比例のグラフについて，次の問いに答えなさい。

□(1)　y が x に比例し，そのグラフが右の①，②の直線であるとき，それぞれ y を x の式で表しなさい。

①（　　　　　　　　　）

②（　　　　　　　　　）

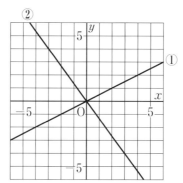

□(2)　次の比例のグラフを右の図にかきなさい。

㋐　$y=2x$　　㋑　$y=-\dfrac{3}{5}x$

【比例のグラフ②】

❻ 次の(1)〜(3)において，y が x に比例し，それぞれの条件を満たすとき，y を x の式で表しなさい。

□(1)　グラフは点 $(-3,\ 9)$ を通る。　　　（　　　　　　　　）

□(2)　x の値が 2 増加すると，y の値が 1 増加する。（　　　　　　　　）

□(3)　グラフ上で右へ 4 めもり進むと，下へ 3 めもり進む。

（　　　　　　　　）

【比例を表す式】

❼ y は x に比例し，$x=3$ のとき，$y=4$ です。次の問いに答えなさい。

□(1)　y を x の式で表しなさい。　　　（　　　　　　　　）

□(2)　この式の比例定数を答えなさい。　　（　　　　　　　　）

□(3)　$x=6$ のとき，y の値を求めなさい。　（　　　　　　　　）

□(4)　$y=-20$ のとき，x の値を求めなさい。　（　　　　　　　　）

【比例の式の求め方】

❽ 深さ 120 cm の空の水そうがあります。この水そうに一定の割合で水を入れたところ，5 分後に水面の高さが底から 20 cm になりました。水を入れ始めてから x 分後の水面の高さを y cm として，次の問いに答えなさい。

□(1)　y を x の式で表しなさい。　　　（　　　　　　　　）

□(2)　水面の高さが 80 cm になるのは，水を入れ始めてから何分後ですか。　　　　　　　　　　　　　　　　　　（　　　　　　　　）

□(3)　x の変域を表しなさい。　　　　（　　　　　　　　）

ヒント

❺

(1)$y=ax$ と表す。次に，x 座標，y 座標が両方とも整数になる点を選んで，その値を代入して a の値を求める。

(2)x，y が両方とも整数となる値の組を 1 つ見つける。それを座標上の点とし，原点とを通る直線をひく。

✗ ミスに注意

比例定数が正ならばグラフは右上がり，負ならば右下がりになる。

❻

(1)$y=ax$ と表し，$x=-3$，$y=9$ を代入する。

(2)(3)原点から条件のように進んだ点を考える。

❼

(1)(2)$y=ax$ と表して，x の値と y の値を代入して a の値(比例定数)を求める。

(3)(1)でつくった式に $x=6$ を代入する。

❽

(1)$y=ax$ と表し，5 分後の水面の高さを考える。

(2)(1)で求めた式に，$y=80$ を代入する。

(3)$y=120$ のときの x の値を求める。

Step 1 基本チェック　3節 反比例　4節 比例と反比例の活用

15分

教科書のたしかめ　[　]に入るものを答えよう！

3節 ❶ 反比例を表す式　▶教 p.144-145　Step 2 ❶

解答欄

□(1) 面積が $24\ \mathrm{cm}^2$ の長方形の縦の長さを x cm，横の長さを y cm とするとき，y を x の式で表すと，$\left[\ y=\dfrac{24}{x}\ \right]$ である。

(1) _____

3節 ❷ 数の範囲の広がりと反比例の性質　▶教 p.146-147　Step 2 ❷

□(2) 反比例 $y=-\dfrac{6}{x}$ において，比例定数は $[\,-6\,]$ であり，x の値が 2倍，3倍，…になると，y の値は $\left[\ \dfrac{1}{2}\ \right]$ 倍，$\left[\ \dfrac{1}{3}\ \right]$ 倍，…になる。

(2) _____

3節 ❸ 反比例のグラフ　▶教 p.148-150　Step 2 ❹

3節 ❹ 反比例の式の求め方　▶教 p.151-152　Step 2 ❸

□(3) 右の図の双曲線を表す式は，$y=\left[\ \dfrac{8}{x}\ \right]$ であり，$x=12$ のとき，$y=\left[\ \dfrac{2}{3}\ \right]$ である。

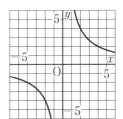

(3) _____

4節 ❶ 比例と反比例の活用　▶教 p.154-155　Step 2 ❺

□(4) 右の表の空らんにあてはまる数は，y が x に比例するときは $[\,12\,]$ であり，y が x に反比例するときは $[\,3\,]$ である。

x	4	8
y	6	

(4) _____

教科書のまとめ　___ に入るものを答えよう！

□ y が x の関数で，$y=\dfrac{a}{x}$（a は0でない定数）という式で表されるとき，y は x に 反比例 するといい，a を 比例定数 という。

□ 右の反比例 $y=\dfrac{a}{x}$ のグラフで，$a>0$ のグラフは図 1 ，$a<0$ のグラフは図 2 である。

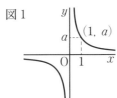
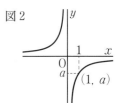

□ 反比例の関係 $y=\dfrac{a}{x}$ のグラフである1組の曲線を 双曲線 という。

31

Step 2　予想問題　3節 反比例　4節 比例と反比例の活用

⏱ 1ページ 30分

【反比例を表す式】

❶ 次のことがらについて，y が x に反比例することを式で表しなさい。また，その比例定数を答えなさい。

☐(1)　120 km の道のりを時速 x km で走るときにかかる時間 y 時間

　　　　式（　　　　　　　　　　）　比例定数（　　　　　）

☐(2)　面積が 20 cm² の三角形の底辺 x cm と高さ y cm

　　　　式（　　　　　　　　　　）　比例定数（　　　　　）

【数の範囲の広がりと反比例の性質】

❷ 下の表は，y が x に反比例する関係を示したものです。次の問いに答えなさい。

x	⋯	㋐	⋯	−2	−1	0	1	2	⋯	18	⋯
y	⋯	4	⋯	㋑	㋒	×	㋓	−12	⋯	㋔	⋯

☐(1)　㋐〜㋔にあてはまる数をかきなさい。

　　　㋐（　　　　　）　㋑（　　　　　　　）　㋒（　　　　　　　）

　　　㋓（　　　　　）　㋔（　　　　　　　）

☐(2)　y を x の式で表しなさい。　　　　（　　　　　　　　　）

☐(3)　x の変域が $2 \leqq x \leqq 8$ であるとき，y の変域を求めなさい。

　　　　　　　　　　　　（　　　　　　　　　　　　　）

☐(4)　x の変域が $-8 \leqq x \leqq -3$ であるとき，y の変域を求めなさい。

　　　　　　　　　　　　（　　　　　　　　　　　　　）

【反比例の式の求め方】

よく出る

❸ y が x に反比例するとき，次の問いに答えなさい。

☐(1)　$x=5$ のとき $y=8$ である。y を x の式で表しなさい。また，$x=-10$ のとき y の値を求めなさい。

　　　　　式（　　　　　　　　　　）　y の値（　　　　　）

☐(2)　$x=8$ のとき $y=-9$ である。y を x の式で表しなさい。また，$y=144$ のとき x の値を求めなさい。

　　　　　式（　　　　　　　　　　）　x の値（　　　　　）

💡 **ヒント**

❶

y が x に反比例するとき，$y = \dfrac{a}{x}$ の形で表される。また，a の値が比例定数になる。

❌ **ミスに注意**

$y = \dfrac{a}{x}$ の式の a を反比例定数とはいわないことに注意。

❷

(1)y が x に反比例するとき，積 xy は一定になる。

(2)「$xy=a$」の式から求めてもよい。

(3)$x=2$, 8 のときの y の値を求める。

(4)$x=-8$，-3 のときの y の値を求める。

❸

$y = \dfrac{a}{x}$ と表し，x と y の値を代入して，a の値を求める。

【反比例のグラフ】

❹ 反比例のグラフについて，次の問いに答えなさい。

□(1)　$y = \dfrac{6}{x}$ のグラフを右の図に

かきなさい。

□(2)　右の図の⑦のグラフについて，

あとの問いに答えなさい。

①　y を x の式で表しなさい。

（　　　　　　　　　）

②　x の変域が $-12 \leqq x \leqq -4$ の

とき，y の変域を求めなさい。

（　　　　　　　　　）

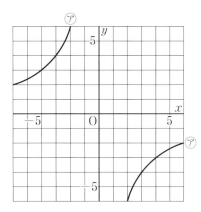

【比例の活用】

❺ 兄と妹が同時に家を出て，学校へ
向かって歩き，兄は妹より早く21
分後に学校に着きました。右のグ
ラフは，このときの2人の，時間
と歩いた道のりの関係を表したも
のです。ただし，グラフは途中ま
でしかかかれていません。これに
ついて，次の問いに答えなさい。

□(1)　兄が歩いた速さは分速何 m ですか。

（　　　　　　　　　）

□(2)　家から学校までの道のりは何 m ですか。

（　　　　　　　　　）

□(3)　妹が家を出てからの時間を x 分，家からの道のりを y m として，
y を x の式で表しなさい。

（　　　　　　　　　）

□(4)　兄が学校に着いたとき，妹は学校まであと何 m のところにいま
したか。　　　　　　　　　　　　　　（　　　　　　　　　）

□(5)　兄は学校に着くと，すぐに家に向かって同じ速さで歩き始めまし
た。兄と妹が出会うのは，家から何 m の地点ですか。

（　　　　　　　　　）

ヒント

❹

(1)点をいくつかとり，
なめらかな曲線で結
ぶ。

❌ ミスに注意
いくつかの点をとっ
たとき，直線で結ば
ないようにしよう。

(2)① $y = \dfrac{a}{x}$ と表す。

次に，x 座標，y 座
標ともに整数である
点を選んで代入する。

📋 テスト得ダネ
グラフを読みとって
反比例の式をつくる
問題はよく出題され
る。x 座標，y 座標
ともに整数である点
を選ぶことがポイン
ト。

❺

(1)家を出て5分後また
は10分後に進む道
のりを考える。

(3)$y = ax$ と表し，$x = 5$
または $x = 10$ のと
きの y の値を考える。

(4)(3)でつくった式を用
いる。

(5)兄が学校で折り返し
てから，2人が出会
うまでに進んだ道の
りの合計は，(4)で求
めた道のりに等しい。

📋 テスト得ダネ
時間と道のりの関係
のグラフを用いた問
題の出題頻度は高い。
グラフが原点を通る
直線のときは，縦軸
の値を横軸の値で
わったものが速さに
なることに注意しよ
う。

4章

Step 3　**予想テスト**　：　**4章 比例と反比例**

30分　目標 80点　／100点

❶ 次のことがらについて，y を x の式で表しなさい。また，y が x に比例するときには〇を，反比例するときには×を，比例も反比例もしないときには△をかきなさい。知　20点（各4点）

- □(1)　1日のうち，昼の時間を x 時間，夜の時間を y 時間とする。
- □(2)　1個 250 円のチーズケーキ x 個の代金は y 円である。
- □(3)　面積が $16\,\mathrm{cm}^2$ の三角形の底辺が $x\,\mathrm{cm}$，高さが $y\,\mathrm{cm}$ である。
- □(4)　直径 $x\,\mathrm{cm}$ の円の円周は $y\,\mathrm{cm}$ である。ただし，円周率は π とする。
- □(5)　2000 m の道のりを分速 x m で歩くと y 分かかる。

❷ 次の問いに答えなさい。知　16点（各2点）

- □(1)　y は x に比例し，$x=6$ のとき $y=8$ である。
  - ①　y を x の式で表しなさい。
  - ②　$y=12$ のときの x の値を求めなさい。
- □(2)　y は x に比例し，グラフは点 $(-3,\ 6)$ を通る。
  - ①　y を x の式で表しなさい。
  - ②　x の変域が $2 \leqq x \leqq 5$ であるとき，y の変域を求めなさい。
- □(3)　y は x に反比例し，$x=6$ のとき $y=6$ である。
  - ①　y を x の式で表しなさい。
  - ②　$x=-4$ のときの y の値を求めなさい。
- □(4)　y は x に反比例し，グラフは点 $(-2,\ 8)$ を通る。
  - ①　y を x の式で表しなさい。
  - ②　$x<0$ で，x の値が増加するとき，y の値はどのように変化しますか。

❸ 右の図の⑦〜㋑のグラフについて，
□ 　y を x の式で表しなさい。
　　知　16点（各4点）

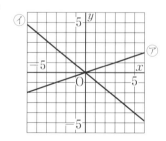
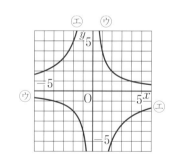

❹ 次のグラフをかきなさい。知　16点（各4点）
□
- ⑦　$y=-3x$
- ㋑　$y=\dfrac{3}{2}x$
- ㋒　$y=\dfrac{8}{x}$
- ㋓　$y=-\dfrac{6}{x}$

❺ 右の図において，双曲線①と直線 $y = \dfrac{1}{3}x$ の交点を P，双曲線

①と直線②の交点を Q とします。また，PA は x 軸に平行です。

点 A の座標は $(0,\ 2)$，点 Q の x 座標は $\dfrac{3}{2}$ です。次の問いに答

えなさい。 考 知 　　　　　　　　　　　　　　　　16点(各4点)

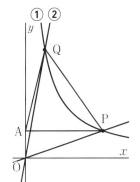

☐(1) 双曲線①を表す式をかきなさい。

☐(2) 点 Q の座標を求めなさい。

☐(3) 直線②を表す式をかきなさい。

☐(4) 三角形 QAP の面積を求めなさい。ただし，座標の1めもりは1cmとする。

❻ 縦 8 cm，横 12 cm の長方形 ABCD があります。点 P は
頂点 A を出発し，秒速 3 cm で頂点 D に向かいます。また，
点 Q は頂点 B を出発し，秒速 2 cm で頂点 C に向かいます。
点 P，点 Q は同時に出発し，どちらか一方が頂点に到達
した時点でもう一方は止まるものとします。出発後の時間
を x 秒，三角形 PBQ の面積を y cm² として，次の問い
に答えなさい。 考 知 　　　　　　　　　　　　　16点(各4点)

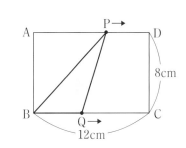

☐(1) y を x の式で表しなさい。　　☐(2) x の変域を求めなさい。

☐(3) y の変域を求めなさい。

☐(4) 三角形 PBQ の面積が 20 cm² になるのは出発してから何秒後ですか。

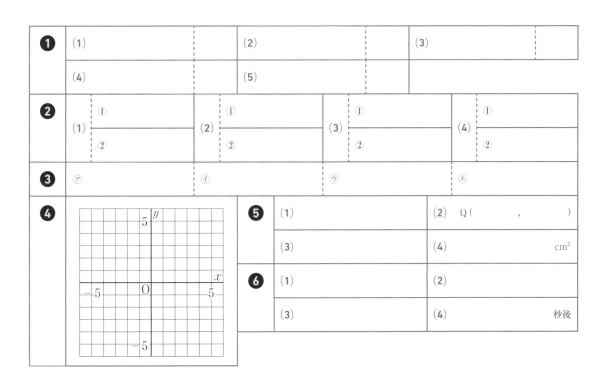

Step 1　基本チェック　1節 基本の図形　2節 図形の移動　15分

教科書のたしかめ　[　]に入るものを答えよう!

1節 ❶ 直線と角　▶教 p.166-167　Step 2 ❶

□(1)　右の図で直線 AB を表しているのは[イ]
半直線 AB を表しているのは[エ]
半直線 BA を表しているのは[ウ]
線分 AB を表しているのは[ア]

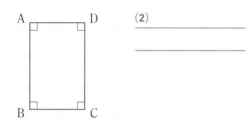

解答欄

(1)

1節 ❷ 平行と垂直　▶教 p.168-169　Step 2 ❷

□(2)　右の図の長方形 ABCD において，辺 AB
と辺 DC の位置関係を，記号を使って表
すと，[AB∥DC]である。
辺 AB と辺 BC の位置関係を，記号を
使って表すと，[AB⊥BC]である。

(2)

1節 ❸ 円　▶教 p.170-171　Step 2 ❸

2節 ❶ 図形の移動　▶教 p.172-173　Step 2 ❹

□(3)　右の図で，三角形 A を，いろいろ
な方法で移動させた三角形が⑦〜⑦
であるとき，A から⑦への移動は
[平行移動]，A から⑦への移動は
[回転移動]，A から⑦への移動は
[対称移動]である。

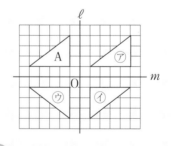

(3)

2節 ❷ 平行移動，回転移動，対称移動　▶教 p.174-177　Step 2 ❺

教科書のまとめ　___ に入るものを答えよう!

□ 両方向に限りなくのびているまっすぐな線を 直線 という。直線上の 2 点 A，B を両端とする
ものを 線分 AB という。

□ 線分 AB の長さを，2 点 A，B 間の 距離 という。

□ 直線 AB と直線 CD が，平行であることを AB ∥ CD，垂直であることを AB ⊥ CD で表す。

□ 図形を，一定の方向に，一定の距離だけずらす移動を 平行移動 という。

□ 図形を，1 つの点を中心として，一定の角度だけまわす移動を 回転移動 という。特に，180°
の回転移動を 点対称移動 という。

□ 図形を，1 つの直線を折り目として折り返す移動を 対称移動 という。

Step 2 予想問題 ⋮ **1節 基本の図形**
　　　　　　　 ⋮ **2節 図形の移動**

1ページ
30分

【直線と線分】

❶ 右の図のように，平面上に4点 A，B，C，D があります。このとき，次の問いに答えなさい。

□(1) 線分 AB をかきなさい。

□(2) 直線 BC をかきなさい。

□(3) 半直線 DC をかきなさい。

A・　　　　　・D

B・　　　　C・

❶
半直線 DC は点 D を端点として，点 C の方向に限りなくのびたまっすぐな線をいう。

⊗ ミスに注意
線分には両端があり，直線には端がない。

【角と距離】

❷ 右の図の台形 ABCD について，次のことがらを，記号を使って表しなさい。

□(1) 辺 AD と辺 BC が平行であること
　　　　　　（　　　　　　）

□(2) 対角線 AC と対角線 BD が垂直であること　　（　　　　　　）

□(3) 線分 AB の長さと線分 DC の長さが等しいこと
　　　　　　　　　　（　　　　　　）

□(4) 3点 O，B，C を頂点とする三角形
　　　　　　　　　　（　　　　　　）

□(5) 2点 O，B 間の距離と2点 O，C 間の距離が等しいこと
　　　　　　　　　　（　　　　　　）

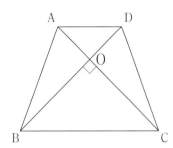

❷
「辺」，「対角線」，「線分」という用語は記号を使って表す必要はない。

5章

【円と直線】

❸ 次の図の PA，PB は円 O の接線で，A，B はそれぞれの接点です。∠x の大きさを求めなさい。

□(1)

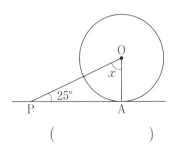

（　　　　　　）

□(2)

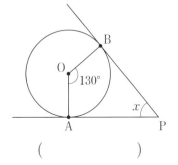

（　　　　　　）

❸
円の接線は，接点を通る半径に垂直である。

【図形の移動】

❹ 右の図は，合同な 8 つの直角二等辺三角形㋐〜㋗をしきつめてできた正方形です。この図について，次の問いに答えなさい。

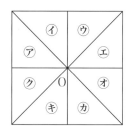

□(1)　㋐を平行移動して重ね合わせることができるものを，㋑〜㋗の中から選び，記号で答えなさい。

(　　　　　　　　　　　)

□(2)　㋐を点 O を中心とした回転移動で 180°移動させたとき，重ね合わせることができるものを，㋑〜㋗の中から選び，記号で答えなさい。

(　　　　　　　　　　　)

□(3)　㋐を 1 回の対称移動で重ね合わせることができるものを，㋑〜㋗の中からすべて選び，記号で答えなさい。

(　　　　　　　　　　　)

ヒント

❹
(1)平行移動は図形を 1 つの方向にずらす移動。
(2)180°の回転移動を，点対称移動という。
(3)対称移動は，直線を軸として折り返す移動。

【図形の見方と移動】

❺ 右の図で，AO＝BO＝CO＝DO，AC⊥BD です。次の問いに答えなさい。

□(1)　△ABO を時計まわりに回転移動し，△DAO に重ねるには，どの点を中心として，どれだけ回転すればよいですか。

(　　　　　　　　　　　)

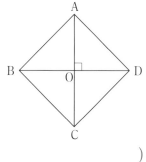

□(2)　△ABO を点 O を中心に点対称移動させたとき，点 B に対応する点はどれですか。

(　　　　　　　　　　　)

□(3)　△ABO を 1 回の対称移動によって △CBO に重ねるには，どの線分を対称の軸とすればよいですか。

(　　　　　　　　　　　)

□(4)　四角形 ABCD は，どんな四角形ですか。

(　　　　　　　　　　　)

❺
△ABO，△DAO，△CDO，△CBO は，合同な直角二等辺三角形である。

Step 1　基本チェック　3節 基本の作図　4節 おうぎ形

15分

教科書のたしかめ　[　]に入るものを答えよう！

3節 ❶ 基本の作図　▶ 教 p.179

解答欄

□(1)　△ABC と合同な
△A′B′C′ を作図し
なさい。

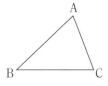
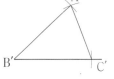

(1)

3節 ❷ 垂直二等分線の作図　▶ 教 p.180-181　Step 2 ❶

□(2)　右の線分 AB の垂直二等分線をひくには，
・点[A]，[B]を中心として，[等しい]
半径の円を交わるようにかき，その交点
を C，D とする。
・直線 CD をひく。

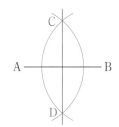

(2)

3節 ❸ 垂線の作図　▶ 教 p.182-183　Step 2 ❷

3節 ❹ 角の二等分線の作図　▶ 教 p.184-185　Step 2 ❸

□(3)　∠AOB の二等分線を作図しなさい。
ただし，途中まで作図してある。

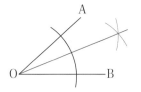
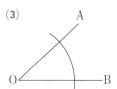

(3)

3節 ❺ 作図の活用　▶ 教 p.186-187　Step 2 ❹-❼

4節 ❶ おうぎ形の弧の長さと面積　▶ 教 p.191-193　Step 2 ❽

□(4)　半径 6 cm，中心角 120° のおうぎ形の弧の長さは，

$$2\pi \times 6 \times \left[\frac{120}{360} \right] = [4\pi]\,(\text{cm})$$

面積は，$\pi \times [6^2] \times \dfrac{120}{360} = [12\pi]\,(\text{cm}^2)$

(4)

教科書のまとめ　___ に入るものを答えよう！

□ 定規とコンパスだけを使って図をかくことを 作図 という。

□ 作図では，長さをうつしとるときは， コンパス を用いる。

□ ある角を2等分する半直線を，その角の 二等分線 という。

□ 半径 r，中心角 $x°$ のおうぎ形の弧の長さは $2\pi r \times \dfrac{x}{360}$ であり，面積は $\pi r^2 \times \dfrac{x}{360}$ である。

Step 2 予想問題　**3 節 基本の作図**
　　　　　　　　　　　　　4 節 おうぎ形

1ページ
30分

【垂直二等分線の作図】

よく出る

❶ 右の線分 AB の垂直二等分線を作図し
□ なさい。また，AB の中点 M を書き入
れなさい。

A ——————————— B

💡ヒント

❶
AB の中点 M は，AB
の垂直二等分線と AB
の交点である。

【垂線の作図】

❷ 次の問いに答えなさい。

□(1)　右の図で，点 P を通って，直線 ℓ
に垂直な直線を作図しなさい。

□(2)　右の図で，点 P を通って，直線 ℓ
に平行な直線を作図しなさい。

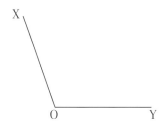

❷
(1)まず，点 P を中心と
　して，直線 ℓ と交わ
　る円をかく。
(2)点 P を頂点の 1 つと
　するひし形を作図す
　る。

【角の二等分線の作図】

よく出る

❸ 右の図で，∠XOY の二等分線を作図
□ しなさい。

X

O　　　　　　Y

❸
まず，点 O を中心とす
る円をかく。

【円の接線の作図】

❹ 右の図で，円 O の周上の点 A を通る，
□ 円 O の接線を作図しなさい。

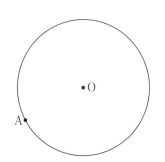

❹
接点を通る，円の半径
と接線は垂直である。
⇒AO の垂線を作図す
る。

📋テスト得ダネ
垂線の作図はいろい
ろなところで応用さ
れる。作図に慣れて
おこう。

【円の作図】

❺ 右の図で2点 A，B を通り，中心 O
☐　が直線 ℓ 上にある円 O を作図しな
さい。

● ヒント

❺
中心 O は線分 AB の垂直二等分線上にある。

・B

A・

ℓ ————————————

【円の中心の作図】

❻ 右の図は円 O の円周の一部です。円の中
☐　心 O を求め，円を完成させなさい。

❻
円周上の2点の垂直二等分線の作図を2回行う。

5章

【条件に合う作図】

❼ 右の図で，∠PAB＝30° となる点 P を，
☐　線分 AB の上側に作図しなさい。

❼
まず，60° の角を作図する。

A ——————— B

【おうぎ形の弧の長さと面積】

❽ 次の問いに答えなさい。

☐(1)　半径 6 cm，中心角 108° のおうぎ形の弧の長さと，面積を求めな
さい。

弧の長さ（　　　　　　）　面積（　　　　　　）

☐(2)　半径 5 cm，弧の長さ 2π cm のおうぎ形の面積を求めなさい。

（　　　　　　）

❽
(1)おうぎ形の弧の長さや面積は，中心角をもとにして計算する。
(2)半径 r，弧の長さ ℓ のおうぎ形の面積は
$$S = \frac{1}{2}\ell r$$
で求める。

Step 3　予想テスト　　**5 章 平面図形**

30分　目標 80点　　／100点

❶ 右の図のように，方眼上に 5 本の直線 ℓ〜p と，点ア〜ウがあります。次の問いに答えなさい。**知**

15 点(各 5 点)

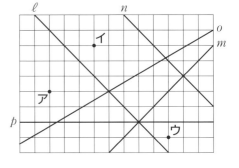

□(1)　平行な直線はどれとどれですか。記号を使って表しなさい。

□(2)　垂直な直線はどれとどれですか。すべて選び，記号を使って表しなさい。

□(3)　点ア〜ウのうち，直線 p までの距離が最も短いものはどれですか。

❷ 次の □ にあてはまる数や記号をかきなさい。**知**　　25 点(各 5 点)

□(1)　直線 ℓ を対称の軸とする線対称な図形

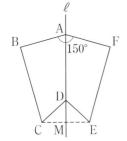

① BF □ ℓ

② ∠BAD = □ °

③ BF □ CE

④ CM = □

□(2)　直線 PA，PB は円 O の接線

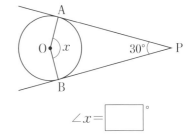

∠x = □ °

❸ 次の作図をしなさい。**知**　　30 点(各 10 点)

□(1)　円 O の周上の点 P を通る円 O の接線

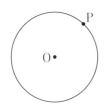

□(2)　△ABC の辺 BC 上にあり，2 つの辺 AB，AC からの距離が等しい点 P

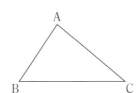

□(3)　円の中心 O（弦 AB，CD を利用する。）

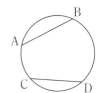

❹ 右の図に示したような，長方形 ABCD の形をした折り紙があります。頂点 A と頂点 C が重なるように折り返したとき，折り目の線分を作図によって求めなさい。**知** **考**　　10 点

5 右の図のように △ABC を直線 ℓ を対称の軸として対称移動し，さらに直線 m を対称の軸として対称移動したものが △GHI です。次の問いに答えなさい。考

10点(各5点)

□(1) 点 A に対応する点は △GHI ではどれになりますか。

□(2) △ABC を1回の移動で，△GHI に重ねるには，どのような移動を，どれだけすればよいですか。

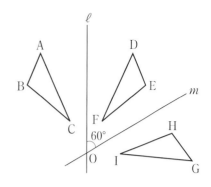

6 右の図のように，川岸 ℓ と2つの家A，Bがあります。A，B から等しい距離に橋をかけることにすると，橋をかける位置P を作図しなさい。知 10点

5 章

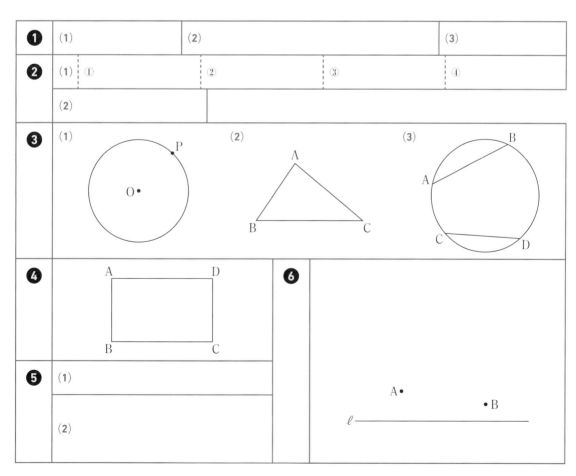

❶ /15点 ❷ /25点 ❸ /30点 ❹ /10点 ❺ /10点 ❻ /10点

Step 1 **基本チェック** ： **1 節 空間図形の観察**　　　15分

教科書のたしかめ　[ ]に入るものを答えよう！

❶ 多面体　▶ 教 p.200-201　Step 2 ❶❷

解答欄

□(1)　面が 4 つの正三角形でできている立体は[正四面体]である。

(1) _____

□(2)　面がすべて正五角形である正多面体は[正十二面体]である。

(2) _____

❷ 点，直線と平面　▶ 教 p.202-203　Step 2 ❸

□(3)　右の図の直方体において，辺 AB と辺
FG の位置関係を[ねじれ]の位置に
あるという。

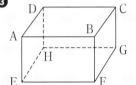

(3) _____

❸ 直線と平面，平面と平面の位置関係　▶ 教 p.204-206　Step 2 ❹

□(4)　上の(3)の図において，面 ABCD と面 EFGH は，
面 ABCD[∥]面 EFGH であり，面 AEHD と面 AEFB は
面 AEHD[⊥]面 AEFB である。

(4) _____
_____

❹ 平面図形が動いてできる立体　▶ 教 p.207-209　Step 2 ❺-❼

□(5)　右の図で，△ABC が直線 ℓ のまわりに 1 回転し
てできる立体は[円錐]である。

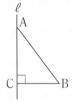

(5) _____

❺ 見取図，展開図，投影図　▶ 教 p.210-212　Step 2 ❼❽

□(6)　右の投影図で示される立体は[正四角錐]
である。

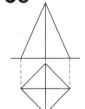

(6) _____

- -

教科書のまとめ　___ に入るものを答えよう！

□すべての面が合同な正多角形で，1 つの頂点に集まる面の数がどの頂点でも同じで，へこみの
ない多面体を 正多面体 という。

□空間の 2 直線の位置関係には，次の 3 つの場合がある。
　①　交わる。　　②　平行である。　　③　ねじれ の位置にある。

□立体を正面から見た図を 立面図 ，真上から見た図を 平面図 といい，これらを組にした図を
投影図 という。

Step 2 予想問題 · **1節 空間図形の観察**

1ページ
30分

【多面体】

❶ 次の多面体は，それぞれ何面体ですか。

よく出る

□(1) 三角柱

(   )

□(2) 立方体

(   )

□(3) 六角柱

(   )

□(4) 四角錐（すい）

(   )

❶
角柱や角錐のように，いくつかの平面で囲まれた立体を多面体という。

【正多面体】

❷ 次のうち，正多面体として実際に存在するものはどれですか。番号で
□ 答えなさい。

① 正五面体　　　② 正八面体　　　③ 正十二面体

④ 正十六面体　　⑤ 正二十面体

(   )

❷
正多面体というのは，正四面体や正六面体など，5種類しかない。

6章

【点，直線と平面】

❸ 右の図の立方体について，次の問いに答えなさい。

よく出る

□(1) 辺 AD と交わる辺をすべて答えなさい。

(   )

□(2) 辺 AD と辺 FG の位置関係を答えなさい。

(   )

□(3) 辺 AD とねじれの位置にある辺をすべて答えなさい。

(   )

❸
平行ではないが交わらない2直線をねじれの位置にあるという。

📄 **テスト得ダネ**

平行，垂直，ねじれの位置など，直線や平面の位置関係はよく出題される。

【直線，平面の位置関係】

❹ 空間にある直線や平面について，次の①～③のうち，正しいものを選
□ びなさい。

① 1つの直線に垂直な2つの直線は平行である。

② 1つの平面に垂直な2つの直線は平行である。

③ 1つの直線に平行な2つの平面は平行である。

(   )

❹
直方体などを利用して考える。

【面が動いたあとにできる図形】

❺ 半径 2 cm の円を，それと垂直な方向に 10 cm 動かすと，どんな立体 ☐ ができますか。

（　　　　　　　　　　　　　　　　　　　　　）

【回転体①】

❻ 右の図の直角三角形を，直線 ℓ を軸として 1 回転 させます。このとき，次の問いに答えなさい。

☐(1)　どんな立体ができますか。

（　　　　　　　　　　）

☐(2)　底面は，どんな図形になりますか。

（　　　　　　　　　　）

☐(3)　軸をふくむ平面で切ると，切り口はどんな図 形になりますか。

（　　　　　　　　　　）

【回転体②】

❼ 下の図形を，直線 ℓ を軸として 1 回転させてできる立体の見取図をか きなさい。

☐(1)　ℓ　　　　　　　　　　　☐(2)　ℓ

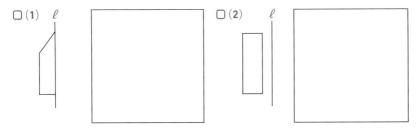

【投影図】

よく出る

❽ 下の図のような正四角錐を，矢印の方 ☐ 向から見た投影図を，右の空らんにか きなさい。

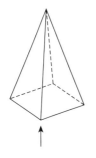

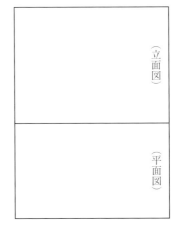

（立面図）

（平面図）

ヒント

❺ 円を垂直方向に動かし てできる立体を考える。

❻ (2)底辺を 1 回転させて できる形を考える。 (3)切り口がどのような 三角形になるか考え る。

 ミスに注意 回転体を，底面に平 行な平面で切ると， 切り口は円になる。

❼ (1)直角三角形と，長方 形をあわせた形と考 える。 (2)図形と回転の軸が離 れているとどんな形 になるか考える。

❽ 立体を正面から見た図 を立面図，真上から見 た図を平面図という。 投影図では，実際に見 える線を実線で，見え ない線を破線でかく。

［解答 ▶ p.22］

Step 1　基本チェック　2 節 空間図形の計量

15分

教科書のたしかめ　[　]に入るものを答えよう!

❶ 角柱，円柱，角錐，円錐の表面積　▶ 教 p.214-215　Step 2 ❶-❸　解答欄

□(1)　底面の半径が 4 cm，高さが 10 cm の円柱に
おいて，
底面積(ていめんせき)は，$\pi \times 4^2 = 16\pi \, (\text{cm}^2)$
側面積(そくめんせき)は，$2\pi \times 4 \times 10 = 80\pi \, (\text{cm}^2)$
したがって，表面積は，
$16\pi \times [\ 2\ ] + 80\pi = [\ 112\pi\ ] \, (\text{cm}^2)$

10cm

4cm

(1) _____

❷ 角柱，円柱，角錐，円錐の体積　▶ 教 p.216-217　Step 2 ❹❺

□(2)　底面が 1 辺 8 cm の正方形で，高さが 12 cm
の正四角錐の体積は，
$\dfrac{1}{3} \times [\ 8^2\ ] \times 12 = [\ 256\ ] \, (\text{cm}^3)$

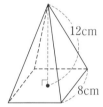

12cm

8cm

(2) _____

❸ 球の表面積と体積　▶ 教 p.218-219　Step 2 ❻

□(3)　半径 3 cm の球の表面積 S は，
$S = [\ 4\ ] \times \pi \times 3^2 = [\ 36\pi\ ] \, (\text{cm}^2)$
また，体積 V は，
$V = \left[\ \dfrac{4}{3}\ \right] \times \pi \times 3^3 = [\ 36\pi\ ] \, (\text{cm}^3)$

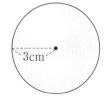

3cm

(3) _____

6章

教科書のまとめ　＿＿ に入るものを答えよう!

□ 角柱や円柱の底面積を S，高さを h とすると，その体積は $\underline{Sh}$ である。

□ 角錐や円錐の底面積を S，高さを h とすると，その体積は $\underline{\dfrac{1}{3}Sh}$ である。

□ 半径 r の球の表面積は $\underline{4\pi r^2}$ であり，体積は $\underline{\dfrac{4}{3}\pi r^3}$ である。

Step 2　予想問題　**2節 空間図形の計量**

⏱ 1ページ 30分

【立体の側面積】

❶ 右の図は，三角柱の見取図と展開図です。これについて，あとの問いに答えなさい。

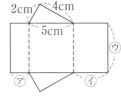

□(1) 展開図の⑦〜⑰の長さを答えなさい。

⑦(　　　　　) ⑦(　　　　　) ⑰(　　　　　)

□(2) この立体の側面積を求めなさい。　(　　　　　　　)

💡ヒント

❶
(1)底面の各辺が，側面のどの辺と重なるかに注意する。

【立体の表面積】

❷ 次の立体の表面積を求めなさい。

□(1) 直方体

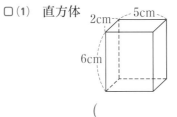

(　　　　　　　)

□(2) 三角柱

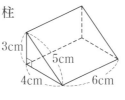

(　　　　　　　)

□(3) 円柱

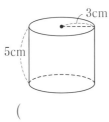

(　　　　　　　)

□(4) 正四角錐

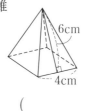

(　　　　　　　)

❷
表面積
＝底面積＋側面積

❌ミスに注意
角柱・円柱では底面は2つ，角錐・円錐では，底面は1つであることに注意しよう。

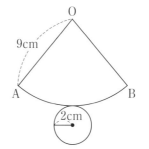

【円錐の表面積】

 よく出る
 点UP

❸ 右の図は，底面の半径が2cmで，母線の長さ9cmの円錐の展開図です。これについて，次の問いに答えなさい。

□(1) おうぎ形OABの中心角を求めなさい。

(　　　　　　　)

□(2) この円錐の表面積を求めなさい。

(　　　　　　　)

❸
(1)中心角を $x°$ として，方程式をつくる。底面の円周の長さはおうぎ形の $\overset{\frown}{\text{AB}}$ に等しい。

【立体の体積①】

❹ 次の問いに答えなさい。

❹

(2)角錐の体積は，
$\dfrac{1}{3} \times$（底面積）
$\qquad \times$（高さ）
で求められる。

□(1) 底面が半径 4 cm で，高さが 8 cm の円柱の体積を求めなさい。

(   )

□(2) 底面が 1 辺 4 cm の正方形で，高さが 6 cm の正四角錐の体積を求めなさい。

(   )

【立体の体積②】

❺ 右の四角形 ABCD は 1 辺 12 cm の正方形で，E，F はそれぞれ辺 AB，AD の中点です。この四角形を EC，CF，FE で折って三角錐をつくるとき，次の問いに答えなさい。

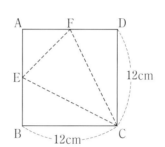

❺
(1)△AEF を底面と考える。
(2)高さを h cm として方程式をつくる。

📋 **テスト得ダネ**

図形の計量は，出題されることが多いので，いろいろな場合の計算のしかたについて練習しておこう。

6章

□(1) この三角錐の体積を求めなさい。

(   )

□(2) △ECF が底面となるように置いたときの，この三角錐の高さを求めなさい。

(   )

【球の表面積，体積】

❻ 右の図のような半径 5 cm，高さ 10 cm の円柱に入る球について，次の問いに答えなさい。

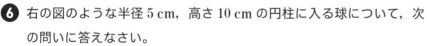

❻

半径 r の球の表面積を S，体積を V とすると，
$$S = 4\pi r^2$$
$$V = \dfrac{4}{3}\pi r^3$$
である。

□(1) 球の表面積は何 cm² ですか。

(   )

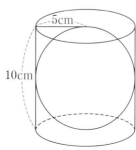

□(2) 球の体積は何 cm³ ですか。

(   )

□(3) 円柱の表面積と球の表面積を比で表しなさい。

(   )

Step 3 予想テスト　　**6 章 空間図形**

30分　　／100点　目標 80点

❶ 右の図は，正多面体の展開図です。 知　　20 点(各 5 点)

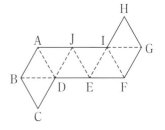

- □(1)　この展開図を組み立ててできる立体の名称を答えなさい。

- □(2)　点 A と重なる点は，どれですか。

- □(3)　これを組み立てたとき，1 つの頂点に集まる面は，いくつですか。

- □(4)　この立体には，平行な辺の組は全部で何組ありますか。

❷ 右の図の正六角柱について，次の問いに答えなさい。 知

15 点(各 5 点)

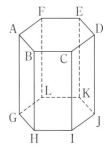

- □(1)　辺 AB と平行な辺をすべて答えなさい。

- □(2)　面 CIJD と垂直な面をすべて答えなさい。

- □(3)　辺 CD とねじれの位置にある辺はいくつありますか。

❸ 3 つの直線を ℓ, m, n，3 つの平面を P，Q，R とするとき，次のことがらのうちいつも成り立つものを選び，記号で答えなさい。 知　　5 点(完答)

ア　P∥Q，R⊥Q ならば，P⊥R である。

イ　ℓ⊥m，ℓ⊥n ならば，m⊥n である。

ウ　ℓ⊥m，m⊥P ならば，ℓ∥P である。

エ　P⊥Q，P⊥R ならば，Q∥R である。

❹ 右の図は，ある立体の展開図です。次の問いに答えなさい。 知　　18 点(各 6 点)

- □(1)　この立体の名称を答えなさい。

- □(2)　底面になる面はア〜オのうちどれですか。

- □(3)　この立体の表面積を求めなさい。

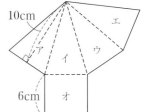

❺ 右の図の円錐について，次の問いに答えなさい。知　21点(各7点)

☐(1)　体積を求めなさい。

☐(2)　表面積を求めなさい。

☐(3)　この円錐を展開したとき，側面のおうぎ形の中心角の大きさを求めなさい。

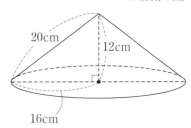

❻ 右の図形を，直線 ℓ を軸として1回転させます。次の問いに答えなさい。知　14点(各7点)

☐(1)　できる立体の見取図を解答らんにかきなさい。

☐(2)　できる立体の体積を求めなさい。

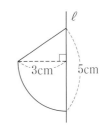

❼ 右のような直方体があり，辺 AB の中点 P と，頂点 C，F を結んだところ，三角錐 B−PFC ができました。
この三角錐 B−PFC の体積を求めなさい。知 考　7点

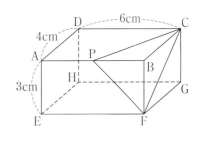

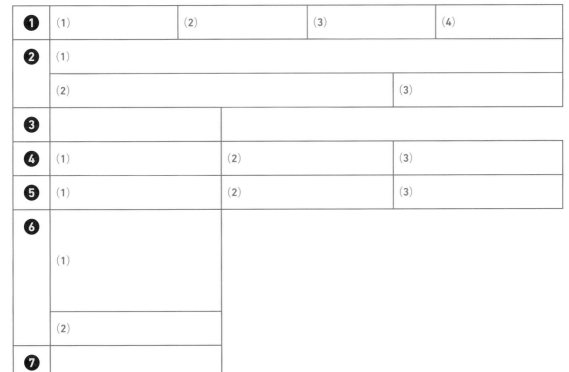

❶	(1)	(2)	(3)	(4)

❷	(1)		
	(2)		(3)

❸		

❹	(1)	(2)	(3)

❺	(1)	(2)	(3)

❻	(1)
	(2)

❼	

Step 1 基本チェック　1節 データの分布

15分

教科書のたしかめ　［ ］に入るものを答えよう！

❶ 度数分布表　▶ 教 p.228-229　Step 2 ❶

□(1)　右の表は，あるクラスの男子生徒20人
の体重の度数分布表である。
この階級の幅は［ 5 kg ］であり，45 kg 以
上50 kg 未満の度数は［ 2 人 ］である。
52 kg の人は［ 50 kg 以上 55 kg 未満 ］の
階級に入る。

階級(kg)	度数(人)
以上　　未満	
40 ～ 45	1
45 ～ 50	2
50 ～ 55	8
55 ～ 60	6
60 ～ 65	1
65 ～ 70	2
合計	20

解答欄

(1) _____

❷ ヒストグラム　▶ 教 p.230-232　Step 2 ❶

□(2)　上の(1)の表からヒストグラム(柱状グラフ)をかけ。

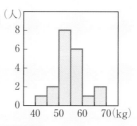

(2)
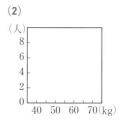

❸ 階級値を使った代表値の求め方　▶ 教 p.233-235　Step 2 ❶

□(3)　上の(1)の表において，40 kg 以上 45 kg 未満の階級の階級値は
［ 42.5 kg ］であり，中央値をふくむ階級は［ 50 kg 以上 55 kg 未満 ］
である。また，最頻値は［ 52.5 kg ］である。

(3) _____

❹ データの分布と代表値　▶ 教 p.236-237　Step 2 ❶

❺ 相対度数　▶ 教 p.238-239　Step 2 ❷

□(4)　上の(1)の表で，65 kg 以上 70 kg 未満の階級の相対度数は，
2÷［ 20 ］＝［ 0.1 ］

(4) _____

❻ 累積度数と累積相対度数　▶ 教 p.240-241　Step 2 ❷

□(5)　上の(1)の表で，最小の階級から 50 kg 以上 55 kg 未満の階級まで
の累積度数は［ 11 人 ］で，累積相対度数は［ 0.55 ］である。

(5) _____

教科書のまとめ　___ に入るものを答えよう！

□ データの最大値から最小値をひいた値を，そのデータの 範囲 (レンジ)という。

□ 階級の真ん中の値を 階級値 という。

□ データの中で最も多く現れている値，または度数分布表やヒストグラムで度数が最も多い階級
の階級値を，そのデータの 最頻値 という。

Step 2 ___予想問題___ : **1節 データの分布**

【度数分布表とヒストグラム】

❶ 右の表は，ある人の通学にかかる時間を1か月間調べたものです。次の問いに答えなさい。

階級(分)	度数(日)	階級値	(階級値)×(度数)
以上　未満 40〜44	3		
44〜48	8		
48〜52	12		
52〜56	6		
56〜60	1		
合計	30		

□(1) 右の表をもとに，ヒストグラムをかきなさい。

□(2) 上の表を完成させなさい。

□(3) 通学にかかる時間の平均値を求めなさい。　　　（　　　　　　）

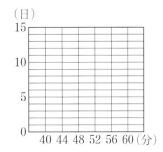

(日)

【相対度数】

❷ 下の表は，ある学級の1日の家庭学習時間を調べたものです。次の問いに答えなさい。

階級(分)	度数(人)	相対度数	累積度数(人)	累積相対度数
以上　　未満 15 〜 30	3			
30 〜 45	5			
45 〜 60	12			
60 〜 75	7			
75 〜 90	8			
90 〜105	5			
合計	40	1.000		

□(1) 各階級の相対度数を小数第3位まで求め，上の表にかき入れなさい。

□(2) 各階級までの累積度数を求め，上の表にかき入れなさい。

□(3) 各階級までの累積相対度数を小数第3位まで求め，上の表にかき入れなさい。

□(4) 家庭学習時間が1時間未満の人は全体の何%ですか。
　　（　　　　　　）

□(5) この表から，相対度数の度数分布多角形をかきなさい。

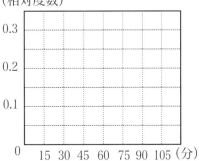

(相対度数)

ヒント

❶
(2)階級値は，各階級の真ん中の値である。

(3)(階級値)×(度数)を合計した値を(総度数)でわる。

❷
(1)(相対度数)
$= \dfrac{(階級の度数)}{(総度数)}$

✕ ミスに注意
各階級の相対度数を合計すると，1になる。

(2)(3)最小の階級からある階級までの，度数の合計のことを累積度数，相対度数の合計のことを累積相対度数という。

7章

Step 1 **基本 チェック** ● **2節 確率** ● 15分

教科書のたしかめ　[ ]に入るものを答えよう!

❶ ことがらの起こりやすさ　▶教 p.248-251　Step 2 ❶

解答欄

☐(1) コインを投げたとき,表と裏の出やすさのちがいを調べると,下
の表のようになった。

投げた回数（回）	10	50	100	200	500	1000
表の出る回数(回)	4	27	48	102	249	501
裏の出る回数(回)	6	23	52	98	251	499

10回投げたときの表の出る相対度数は,[0.4]であり,500回投
げたときの表の出る相対度数は[0.498],1000回投げたときの
表の出る相対度数は[0.501]である。
表の出る相対度数が0.5に近づくと考えられるので,このコイン
を投げたときに表の出る確率は[0.5]であると考える。

(1) _____

_____

_____

_____

☐(2) 次の⑦,⑦のうち,(1)の「確率は0.5」の意味の説明として適切な
のは,[⑦]である。

(2) _____

　⑦　このコインを1000回投げると,表はおよそ500回出る。

　⑦　このコインを1000回投げると,表は必ず500回出る。

❷ 確率の考えの活用　▶教 p.252-253

教科書のまとめ　___ に入るものを答えよう!

☐ 右のグラフのように,実験や調査の回数が 多く なるにつ
れて, 相対度数 はあまり変動しなくなり, 一定の値 に
近づいていく。

☐ ある実験を n 回行って, ことがら A が a 回起きたとき,

ことがら A が起きた相対度数は $\dfrac{a}{n}$ である。

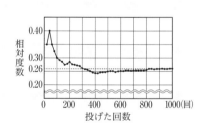

n が大きくなるにつれて, $\dfrac{a}{n}$ が一定の値 p に近づいていくとき, p をことがら A が起こる

確率 とする。

☐ 多数回の実験や多数の調査の結果から, 相対度数 を調べることで,そのことがらの起こる

確率 を考えることができる。

Step
2　予想問題 ・・・　2節 確率

1ページ
30分

【ことがらの起こりやすさ】

❶　下の表は，10円玉を続けて1000回投げた結果をまとめたものです。
次の問いに答えなさい。

投げた回数(回)	20	40	60	80	100	200	400	600	800	1000
表の出る回数(回)	12	27	34	38	53	102	199	303	398	502
裏の出る回数(回)	8	13	26	42	47	98	201	297	402	498
表の出る相対度数	0.600	0.675	0.567	0.475						

□(1)　表の空らんにあてはまる相対度数を，四捨五入して小数第3位まで求めなさい。

□(2)　表をもとに，表の出る相対度数の変化のようすを折れ線グラフで表しなさい。ただし，グラフは途中までかいてあります。

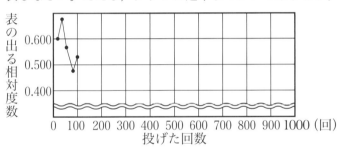

□(3)　表の出る相対度数の変化のようすについて，次のア～エから正しいものを1つ選びなさい。

ア　10円玉を投げる回数が多くなるにつれて，表の出る相対度数のばらつきは小さくなり，その値は1に近づく。

イ　10円玉を投げる回数が多くなるにつれて，表の出る相対度数のばらつきは小さくなり，その値は0.5に近づく。

ウ　10円玉を投げる回数が多くなっても，表の出る相対度数の値は大きくなったり小さくなったりして，一定の値には近づかない。

エ　10円玉を投げる回数が多くなっても，表の出る相対度数のばらつきはなく，その値は0.5で一定である。

（　　　　　　）

□(4)　この実験で，表の出る程度を表す数を何といいますか。

（　　　　　　）

ヒント

❶
(1)表の出る相対度数は，
（表の出る回数）
÷（投げた回数）
で求められる。

(2)(3)投げた回数が多くなるにつれて，相対度数は0.5に近づいている。

ミスに注意
相対度数は0.5に近づくが，必ず0.5で一定になるとは言い切れないことに注意しよう。

7章

Step 3 予想テスト ： **7章 データの活用**

⏱ 20分　目標 40点　／50点

❶ 右の度数分布表は，あるクラスの男子の身長の記録を整理したものです。次の問いに答えなさい。知

30点((1)〜(4)各5点，(5)10点)

階級(cm)	度数(人)
以上　　未満 150 〜 155	1
155 〜 a	2
a 〜 b	5
b 〜 170	7
170 〜 175	c
175 〜 180	2
合計	20

□(1) a, b, c の値を求めなさい。

□(2) 最頻値を答えなさい。

□(3) 中央値をふくむのは，何 cm 以上何 cm 未満の階級ですか。

□(4) 平均値を求めなさい。

□(5) 表をもとにヒストグラムをかきなさい。

❷ 右の図は，ある中学校の3年生男子25人の垂直とびの記録をヒストグラムに表したものです。知　10点(各5点)

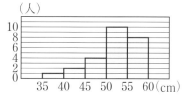
(人)

□(1) 階級の幅は何 cm ですか。

□(2) 中央値をふくむ階級の相対度数を求めなさい。

❸ 右の表は，家から学校までの2通りの行き方でかかる時間を整理したものです。考　10点(各5点)

階級(分)	度数(回)	
	Aルート	Bルート
以上　　未満 5 〜 10	2	3
10 〜 15	16	21
15 〜 20	2	5
20 〜 25	0	1
合計	20	30

□(1) 10分以上15分未満の階級の相対度数をそれぞれ求めなさい。

□(2) 家から学校まで15分未満で行ける確率が高いのはどちらの行き方ですか。

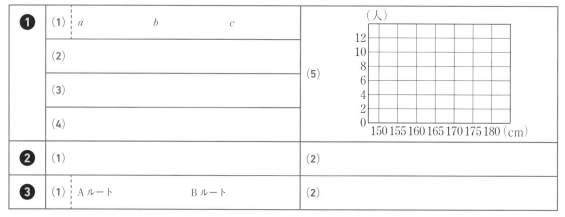

❶ (1) a　　　b　　　c

(2)

(3)

(4)

(5) (人)

❷ (1)　　　(2)

❸ (1) Aルート　　Bルート　　(2)

❶ ／30点　❷ ／10点　❸ ／10点

[解答 ▶ p.27]

① まずはテストの目標をたてよう。頑張ったら達成できそうなちょっと上のレベルを目指そう。
② 次にやることを書こう（「ズバリ英語○ページ，数学○ページ」など）。
③ やり終えたら□に✔を入れよう。
　最初に完ぺきな計画をたてる必要はなく，まずは数日分の計画をつくって，
　その後追加・修正していっても良いね。

目標

	日付	やること1	やること2
2週間前	／	□	□
	／	□	□
	／	□	□
	／	□	□
	／	□	□
	／	□	□
	／	□	□
1週間前	／	□	□
	／	□	□
	／	□	□
	／	□	□
	／	□	□
	／	□	□
テスト期間	／	□	□
	／	□	□
	／	□	□
	／	□	□
	／	□	□

キリトリ線

数学1年 日本文教版

テスト前 ☑ やることチェック表

① まずはテストの目標をたてよう。頑張ったら達成できそうなちょっと上のレベルを目指そう。
② 次にやることを書こう（「ズバリ英語〇ページ，数学〇ページ」など）。
③ やり終えたら□に✔を入れよう。
　最初に完ぺきな計画をたてる必要はなく，まずは数日分の計画をつくって，
　その後追加・修正していっても良いね。

目標

	日付	やること1	やること2
2週間前	／	□	□
	／	□	□
	／	□	□
	／	□	□
	／	□	□
	／	□	□
	／	□	□
1週間前	／	□	□
	／	□	□
	／	□	□
	／	□	□
	／	□	□
	／	□	□
テスト期間	／	□	□
	／	□	□
	／	□	□
	／	□	□
	／	□	□

日本文教版 数学1年 ｜ 定期テスト ズバリよくでる ｜ 解答集

1章 正の数と負の数

1節 正の数と負の数

`p.3-4` `Step ②`

❶ (1) $+18$ ℃　　　　(2) -0.5 ℃

【解き方】 0 ℃ より高い温度は＋の符号，低い温度は－の符号をつけて表す。

❷ (1) $+15$ 段　(2) 下に6段下りること

【解き方】 互いに反対の性質や向きをもつ2種類の数量は，正負の符号を使って表すことができる。一方の数量を正の符号＋を使って表すと，もう一方の数量は負の符号－を使って表すことができる。
(2)「-6 段」は「$+6$ 段」の反対であるから，「6段下りる」を意味している。

❸ (1) -5 人　　　　(2) $+3000$ 円

【解き方】 (1)「減る」は「増える」の反対。
(2)「収入」は「支出」の反対。

❹ (1) -8　　　　(2) $+3.9$
　 (3) $-\dfrac{2}{3}$　　　　(4) $+\dfrac{1}{5}$

【解き方】 0 より大きい数を正の数といい，＋の符号をつけて表す。また，0 より小さい数を負の数といい，－の符号をつけて表す。整数ばかりではなく，小数や分数にも正の数，負の数はある。

❺ (1) $-\dfrac{1}{4}$，-3　(2) $+7$，$+2$　(3) 0

【解き方】 (1)－の符号がついている数が負の数である。
(2) 0 より大きい整数を自然数という。
(3) 0 は正の数でも負の数でもなく，＋や－の符号はつけない。

❻ (1) A -6　B -1.5　C $+3.5$
(2)

【解き方】 数直線で0より左側の点は負の数を，右側の点は正の数を表す。

❼ (1) 5　　　　(2) 7.2
　 (3) $\dfrac{1}{4}$　　　　(4) $\dfrac{5}{3}$

【解き方】 原点からの距離を絶対値という。＋や－の符号をとった数値が絶対値になる。

❽ (1) -4，$+4$　　　　(2) 5 個

【解き方】 (1)絶対値に＋や－の符号をつけた数になる。
(2) 絶対値が0であるものが1個，絶対値が1であるものが2個，絶対値が2であるものが2個ある。

❾ (1) $+2.5 > -3.2$　　(2) $-12 < -8$
　 (3) $+\dfrac{7}{5} < +1.5$　　(4) $-\dfrac{5}{6} > -\dfrac{7}{8}$

【解き方】 (2) 負の数どうしの比較では，絶対値が大きい数が小さい数になる。
(3) $\dfrac{7}{5} = 1.4$ であるから $+\dfrac{7}{5} < +1.5$
(4) 通分して大小の比較をする。
$$-\dfrac{5}{6} = -\dfrac{20}{24}，\quad -\dfrac{7}{8} = -\dfrac{21}{24}$$

❿ (1) $-3.5 < +0.7 < +\dfrac{3}{4}$
　 (2) $-\dfrac{5}{2} < -2.4 < +3$

【解き方】 小さい順または大きい順に並べる。
(1) $+\dfrac{3}{4} > +0.7 > -3.5$ としてもよい。
(2) $+3 > -2.4 > -\dfrac{5}{2}$ としてもよい。

p.6-9 **Step ❷**

❶ (1) $+2$　　(2) -3　　(3) -3　　(4) $+3$

解き方 (1)

(2)

(3)

(4)

❷ (1) $+13$　　(2) $+18$　　(3) -10
　　(4) -41　　(5) $+30$　　(6) -40

解き方 同符号の2数の加法は，2数の絶対値の和に，両方の数に共通の符号をつける。

(1) $(+5)+(+8)=+(5+8)=+13$

(3) $(-7)+(-3)=-(7+3)=-10$

❸ (1) $+5$　　(2) -5　　(3) -4　　(4) $+8$
　　(5) $+30$　　(6) -33　　(7) -5　　(8) -17

解き方 異符号の2数の加法では，2数の絶対値の差に，絶対値の大きい方の符号をつける。

(1) $(-4)+(+9)=+(9-4)=+5$

(6) $(+32)+(-65)=-(65-32)=-33$

❹ (1) $+10$　　(2) -3　　(3) -6　　(4) $+12$

解き方 (1) $(+7)+(-5)+(+8)$

$=(+7)+(+8)+(-5)$

$=(+15)+(-5)=+(15-5)=+10$

(2) $(-4)+(+9)+(-8)=(+9)+(-4)+(-8)$

$=(+9)+(-12)=-(12-9)=-3$

(3) $(-6)+(-25)+(+25)=(-6)+0=-6$

(4) $(-14)+(+12)+(+14)=0+(+12)=+12$

❺ (1) $+1$　　(2) $+9$　　(3) -3　　(4) -17
　　(5) 0　　(6) $+15$　　(7) $+5$　　(8) $+32$

解き方 減法は，ひく数の符号を変えて加法になおす。

(1) $(+7)-(+6)=(+7)+(-6)=+1$

(2) $(+20)-(+11)=(+20)+(-11)=+9$

(3) $(+5)-(+8)=(+5)+(-8)=-3$

(4) $(+4)-(+21)=(+4)+(-21)=-17$

(5) $(-13)-(-13)=(-13)+(+13)=0$

(6) $(+9)-(-6)=(+9)+(+6)=+15$

(7) $(-20)-(-25)=(-20)+(+25)=+5$

(8) $0-(-32)=0+(+32)=+32$

❻ (1) -14　　(2) -19　　(3) 10　　(4) 20

解き方 (1) $9-15-8=9-23=-14$

(2) $-23+11-7=11-23-7=11-30=-19$

(3) $12-18+38-22=12+38-18-22$

$=50-40=10$

(4) $36-7-24+15=36+15-7-24$

$=51-31=20$

❼ (1) -4　　(2) -17　　(3) 12
　　(4) 46　　(5) -14　　(6) 19

解き方 (1) $-15-(-4)+(+7)=-15+4+7$

$=-15+11=-4$

(2) $-8+(-3)-(+6)=-8-3-6=-17$

(3) $16-(-3+7)=16-4=12$

(4) $7-(-35)-(5-9)=7+35-(-4)=42+4=46$

(5) $-6-\{(-8)+11\}+(-5)=-6-3-5=-14$

(6) $21-\{5+(7-14)\}+(-4)=21-(5-7)-4$

$=21-(-2)-4=21+2-4=23-4=19$

❽ (1) 1.6　　(2) -4.9　　(3) -1.6
　　(4) $-\dfrac{19}{12}$　　(5) $-\dfrac{7}{6}$　　(6) $\dfrac{17}{20}$

解き方 (3) $-8.4-(-6.8)=-8.4+6.8$

$=-(8.4-6.8)=-1.6$

(4) $-\dfrac{7}{3}+\dfrac{3}{4}=-\dfrac{28}{12}+\dfrac{9}{12}=-\left(\dfrac{28}{12}-\dfrac{9}{12}\right)=-\dfrac{19}{12}$

(5) $-\dfrac{2}{3}-\dfrac{1}{2}=-\dfrac{4}{6}-\dfrac{3}{6}=-\left(\dfrac{4}{6}+\dfrac{3}{6}\right)=-\dfrac{7}{6}$

(6) $\dfrac{3}{5}-\left(-\dfrac{1}{4}\right)=\dfrac{3}{5}+\dfrac{1}{4}=\dfrac{12}{20}+\dfrac{5}{20}=\dfrac{17}{20}$

❾ (1) $+30$ (2) -28 (3) $+18$

(4) 0 (5) -8 (6) $+\dfrac{2}{9}$

解き方 同符号の2数の乗法では，絶対値の積に正の符号＋をつける。異符号の2数の乗法では，絶対値の積に負の符号－をつける。

(4) どんな数に0をかけても，その積は0になる。0には正や負の符号はつけない。

❿ (1) $-\dfrac{1}{7}$ (2) $-\dfrac{5}{2}$

(3) 5 (4) $-\dfrac{3}{2}$

解き方 積が1になるような数を求める。分数の逆数を求めるには，分子と分母を逆にして，もとの数の符号をつければよい。

(1) 整数は分母が1の分数と考える。

$$-7=\dfrac{-7}{1} \Rightarrow 逆数は-\dfrac{1}{7}$$

(2) 小数は分数になおして考える。

$$-0.4=-\dfrac{2}{5} \Rightarrow 逆数は-\dfrac{5}{2}$$

⓫ (1) $-\dfrac{2}{15}$ (2) -14

(3) $-\dfrac{9}{7}$ (4) $\dfrac{3}{8}$

解き方 除法は，わる数の逆数をかける乗法にする。

(1) $\left(+\dfrac{2}{5}\right)\div(-3)=\left(+\dfrac{2}{5}\right)\times\left(-\dfrac{1}{3}\right)=-\dfrac{2}{15}$

(4) $\left(-\dfrac{5}{12}\right)\div\left(-\dfrac{10}{9}\right)=\left(-\dfrac{5}{12}\right)\times\left(-\dfrac{9}{10}\right)=\dfrac{3}{8}$

⓬ (1) 120 (2) -80

(3) -54 (4) 0

解き方 複数個の数の積では，負の数が偶数個のときは正，負の数が奇数個のときは負になる。

(1) $(-4)\times(+5)\times(-6)=+(4\times5\times6)=120$

(4) 0をかけていることに注意する。

⓭ (1) 8 (2) 49 (3) -49 (4) -1

解き方 負の数の累乗では，指数が奇数のときは負，偶数のときは正になる。

(2) $(-7)^2=(-7)\times(-7)=49$

(3) $-7^2=-(7\times7)=-49$

⓮ (1) -2 (2) $-\dfrac{4}{3}$ (3) 21

(4) 31 (5) -29 (6) -170

解き方 除法を乗法に変えてから計算する。

(1) 乗除が混じった計算でも，符号の決め方は乗法だけの場合と同じであり，式の符号を先に決める。負の数が3個なので計算の結果は負になる。

$$(-4)\div(-12)\times(-6)=-\left(4\times\dfrac{1}{12}\times6\right)=-2$$

(2) $-0.8\times\left(-\dfrac{5}{4}\right)\div\left(-\dfrac{3}{4}\right)=-\left(\dfrac{4}{5}\times\dfrac{5}{4}\times\dfrac{4}{3}\right)=-\dfrac{4}{3}$

(3) $12-(-3)^2\times(-1)=12-9\times(-1)=12+9=21$

(4) $7+(5-7)^3\times(-3)=7+(-2)^3\times(-3)$
$=7+(-8)\times(-3)=7+24=31$

(5) $(-18)+\left(-\dfrac{5}{6}+\dfrac{3}{8}\right)\times24$
$=-18+\left(-\dfrac{5}{6}\right)\times24+\dfrac{3}{8}\times24$
$=-18-20+9=-29$

(6) $(-17)\times3.9+6.1\times(-17)$
$=(-17)\times(3.9+6.1)=-17\times10=-170$

⓯ (1) ○ (2) × (3) ○ (4) ×

解き方 0より大きい整数が自然数である。

(2) A＝1，B＝2とすると，A－B＝－1であり，自然数にならない。

(4) A＝2，B＝3とすると，A÷B＝$\dfrac{2}{3}$であり，自然数にならない。

⓰ (1) 3^3 (2) 2×5^2 (3) $2\times3^2\times7$

解き方 (1)
```
    27
   /  \
  3    9
      / \
     3   3
```
(2)
```
    50
   /  \
  2   25
      / \
     5   5
```

⓱ (1) 100 冊

(2) ア…-11 イ…$+4$
ウ…-13 エ…$+12$

(3) 98 冊

解き方 (1) 月曜日が基準より2冊少なかったから，
$98+2=100$〔冊〕

(3) $\{(-2)+(-11)+(+4)+(-13)+(+12)\}\div5=-2$
$100-2=98$〔冊〕

p.10-11 **Step 3**

❶ (1) $+4.5\,°\mathrm{C}$　(2) $-12\,°\mathrm{C}$

❷ A -8　B -4　C -0.5　D $+4.5$　E $+7$

❸ (1) -4.5　(2) -0.5

(3) 4　　(4) $-\dfrac{2}{3}$,　-0.5,　0,　$\dfrac{3}{2}$

❹ (1) 14　(2) 12　(3) -7.7　(4) $-\dfrac{1}{2}$

(5) 11　(6) 20　(7) $\dfrac{47}{12}$　(8) $\dfrac{5}{6}$

❺ (1) -12　(2) 1　(3) -3　(4) $-\dfrac{7}{8}$

(5) 72　(6) $\dfrac{5}{9}$　(7) -86　(8) -26

❻ 加法 ○　減法 ○　乗法 ○　除法 ×

❼ (1) 75 点　(2) 14 点

(3) ア…82　イ…73　ウ…79　エ…84

(4) 77.6 点　(5) 92 点

解き方

❶ 基準の 0 °C より大きい値は正の符号＋をつけて表す。基準より小さい値は負の符号－をつけて表す。

❷ この数直線の 1 めもりは 0.5 を表す。点 A は原点から左へ 16 めもりなので -8 を表す。点 C は原点から左へ 1 めもりなので，-0.5 を表す。

❸ (1) 正負の符号をとった数が絶対値を表す。正負の符号をとると最も大きいのは -4.5 である。

(2) 負の数では，原点に近い数ほど大きくなる。

(3) 自然数は，0 より大きい整数である。

(4) -2 より大きく，$+2$ より小さい数があてはまる。

❹ 加法と減法の混じった計算では，まずかっこをはずし，次に加法を前に減法を後ろにまとめて計算するとよい。減法の部分は，例えば，$-\square-\triangle$ $=-(\square+\triangle)$ のように計算する。

(1) $8-(-6)=8+6=14$

(3) $-6.5-1.2=-(6.5+1.2)=-7.7$

(4) $\left(-\dfrac{5}{6}\right)-\left(-\dfrac{1}{3}\right)=-\dfrac{5}{6}+\dfrac{1}{3}$

$=-\dfrac{5}{6}+\dfrac{2}{6}=-\dfrac{3}{6}=-\dfrac{1}{2}$

(6) $29-13-7-(-11)=29-13-7+11$

$=29+11-(13+7)=40-20=20$

(8) $4.5-\dfrac{7}{3}-\left\{\left(-\dfrac{1}{6}\right)+1.5\right\}$

$=\dfrac{27}{6}-\dfrac{14}{6}-\left(-\dfrac{1}{6}+\dfrac{9}{6}\right)$

$=\dfrac{27}{6}-\dfrac{14}{6}-\dfrac{8}{6}$

$=\dfrac{27}{6}-\left(\dfrac{14}{6}+\dfrac{8}{6}\right)$

$=\dfrac{27}{6}-\dfrac{22}{6}=\dfrac{5}{6}$

❺ (4) $\left(-\dfrac{3}{4}\right)\div\dfrac{6}{7}=-\dfrac{3}{4}\times\dfrac{7}{6}=-\dfrac{7}{8}$

(5) 負の数の奇数乗は負になる。

$-3^2\times(-2)^3=-9\times(-8)=72$

(7) $12-(-7)^2\times2$

$=12-49\times2$

$=12-98=-86$

(8) $-32+(-2)^3\times(-3)+6\times(-3)$

$=-32+(-8)\times(-3)+6\times(-3)$

$=-32+(-8+6)\times(-3)$

$=-32+(-2)\times(-3)$

$=-32+6$

$=-26$

❻ 加法・減法・乗法の結果はいずれも分数(整数の場合もふくむ)になる。除法では，0 でわる計算はできないので×になる。なお，0 による計算を除けば，除法の計算結果は分数になる。

❼ (1) 5 回目の 70 点が基準点より 5 点低くなっているから，基準点は，$70+5=75$〔点〕

(2) 最高点は 4 回目，最低点は 5 回目であるから，

$9-(-5)=14$〔点〕

(3) ア…$75+7=82$　　イ…$75-2=73$

ウ…$75+4=79$　　エ…$75+9=84$

(4) $\{(+7)+(-2)+(+4)+(+9)+(-5)\}\div5=2.6$

$75+2.6=77.6$〔点〕

(5) 基準点との差の合計が，

$(80-75)\times6=30$〔点〕になればよいから，

基準点より $30-13=17$〔点〕上回ればよい。

したがって，$75+17=92$〔点〕

または，得点から直接求めてもよい。

$80\times6-(82+73+79+84+70)$

$=480-388$

$=92$〔点〕

2章 文字と式

1節 文字と式

p.13-14 **Step ❷**

❶ (1) $(200-x\times3)\,\mathrm{km}$

(2) $(a\times8+b\times5)\,円$

(3) $(x\div5)\,\mathrm{m}$

解き方 数字の場合と同様に文字の場合も，＋，－，×，÷などの記号を使って式に表すことができる。式全体を（ ）でくくって単位をつけるのを忘れないようにする。

❷ (1) $-3a$　　　　(2) $-y$

(3) $-\dfrac{2}{3}xy$　　(4) $0.1xy$

(5) $\dfrac{ab}{6}$　　(6) $\dfrac{ab}{c}$

(7) a^3　　(8) $2x^2y$

(9) $-\dfrac{4}{3}a-5b$　　(10) $3(2x-3y)$

(11) $a-\dfrac{b+c}{2}$　　(12) $\dfrac{x}{y}-\dfrac{2}{z}$

解き方 (1) ×の記号を省略するときは，数字は文字の前にかく。負の数の場合は，かっこをはずして積全体の符号になるようにする。したがって，$(-3)a$ とはかかない。

(2) $-1y$ とはかかない。文字の前の数字の1は省略する。

(3) $-\dfrac{2}{3}yx$ としてもよいが，複数の種類の文字の積は，アルファベット順にかくのがふつうである。xy を分子に入れて，$-\dfrac{2xy}{3}$ とすることもできる。

(4) 数字が 0.1 や 0.01 などのような場合，1の数字は省略できない。つまり，$0.xy$ や $0.0xy$ のようにはかかない。

(5) わり算は，わる数や文字を分母とする分数で表す。わり算は，わる数の逆数をかける形にしてもよい。したがって，この問題では $\dfrac{1}{6}ab$ としてもよい。

(7) 同じ文字の積は，指数を使って累乗で表す。指数はかけ合わせた文字の個数を表す。

(9) 加法の記号＋や減法の記号－は省略できない。

(10) （ ）の中に文字式があるときは，（ ）全体を1つの文字と同じと考えて×や÷の記号を省略する。

(11) $a-\dfrac{b+c}{2}$ は $a-\dfrac{1}{2}(b+c)$ とかいてもよい。

❸ (1) $2\times a\times b\times b$

(2) $0.3\times(b\times b-a)\times c$

(3) $(x\times x+y)\div4$

(4) $5\times a-3\times c\div b$

(5) $2-(2\times x-3\times y)\div3\div x\div y$

(6) $2\times a\times a\times b+b\times b\div a$

解き方 ×や÷の記号を使った式で表すとき，そのかき方は，一般に，何通りもある。原則として，乗法を先にし，除法を後にするのがよい。

(1) 累乗の指数で表された文字式も積の形で表す。

(3) 分子や分母に加法や減法の式がある分数の式をわり算で表すときには，分子や分母の式をかっこでくくっておく必要がある。

(5) $2-(2\times x-3\times y)\div(3\times x\times y)$ としてもよい。

❹ (1) 12　　(2) 54　　(3) 18

(4) 0　　(5) $\dfrac{35}{6}$　　(6) $\dfrac{1}{6}$

解き方 文字に数を代入するときは，省略された×や÷の記号を補って式をかくとまちがいをふせげる。

(1) $-4\times(-3)=12$

(2) $-2\times(-3)^3=-2\times(-27)=54$

(5) $\dfrac{1}{2}\times(-3)^2+\dfrac{1}{3}\times2^2=\dfrac{9}{2}+\dfrac{4}{3}$

$=\dfrac{27}{6}+\dfrac{8}{6}=\dfrac{35}{6}$

(6) $\dfrac{1}{-3}+\dfrac{1}{2}=-\dfrac{2}{6}+\dfrac{3}{6}=\dfrac{1}{6}$

❺ (1) $0.3x\,\mathrm{kg}$　　(2) $0.8a\,円$

(3) $\dfrac{200}{x}\,\mathrm{cm}$　　(4) $10b+a$

解き方 特に指示がないかぎり，×や÷の記号は使わない。

(1) $\dfrac{30}{100}x\,\mathrm{kg}$ や $\dfrac{3}{10}x\,\mathrm{kg}$ としてもよい。

(4) $a+10b$ とかいてもよい。

6 (1) $(1000a+b)\,\text{mL}$　　(2) $(60x+y)\,$秒

(3) $\left(a+\dfrac{b}{100}\right)\text{m}$

解き方 日常では，例えば 305 cm を 3 m 5 cm や 60.5 kg を 60 kg 500 g のように，1 つの数量を 2 つの単位を使った言い方をすることもあるが，文字式では 1 つの単位にそろえる。

7 (1) AP 間の道のり

(2) PB 間の道のり

(3) PB 間を走るときの速さ

解き方 「速さ×時間＝道のり」，「道のり÷速さ＝時間」の式を適用する。

2節 1次式の計算
3節 文字式の活用
p.16-17　Step **2**

1 (1) 1 次の項 $-4x$　　係数 -4

(2) 1 次の項 $\dfrac{2}{3}a$　　係数 $\dfrac{2}{3}$

(3) 1 次の項 $\dfrac{x}{2}$　　係数 $\dfrac{1}{2}$

解き方 $ax+b$ の形に表される文字式を，x についての 1 次式という。ax を 1 次の項といい，a を x の係数という。また，b を定数項という。

(3) $\dfrac{x}{2}=\dfrac{1}{2}x$ であることに注意する。

2 (1) a　　(2) $9x+2$

(3) -5　　(4) $\dfrac{5}{12}x-\dfrac{1}{10}$

解き方 (4) $\dfrac{3}{4}x-\dfrac{1}{2}-\dfrac{1}{3}x+\dfrac{2}{5}$

$=\left(\dfrac{3}{4}-\dfrac{1}{3}\right)x-\dfrac{1}{2}+\dfrac{2}{5}$

$=\left(\dfrac{9}{12}-\dfrac{4}{12}\right)x-\dfrac{5}{10}+\dfrac{4}{10}$

$=\dfrac{5}{12}x-\dfrac{1}{10}$

3 (1) $7a+5$　　(2) $8x-6$

(3) $-3n-4$　　(4) $-\dfrac{1}{3}x-\dfrac{7}{3}$

解き方 (2) $(5x-2)+(3x-4)$

$=5x-2+3x-4$

$=5x+3x-2-4$

$=8x-6$

(3) $(-5n+3)+(2n-7)$

$=-5n+3+2n-7$

$=-5n+2n+3-7$

$=-3n-4$

(4) $\left(\dfrac{1}{6}x-3\right)+\left(-\dfrac{1}{2}x+\dfrac{2}{3}\right)$

$=\dfrac{1}{6}x-3-\dfrac{1}{2}x+\dfrac{2}{3}$

$=\dfrac{1}{6}x-\dfrac{1}{2}x-3+\dfrac{2}{3}$

$=-\dfrac{1}{3}x-\dfrac{7}{3}$

4 (1) $5m-4$　　(2) $4x-3$

(3) $0.1a+4.2$　　(4) $\dfrac{1}{6}y+\dfrac{5}{6}$

解き方 （ ）の前が－のときは，（ ）をはずすと，（ ）の中の式は，各項の符号が反対になる。

(2) $(3x-1)-(-x+2)$

$=3x-1+x-2$

$=3x+x-1-2$

$=4x-3$

(3) $(2.4a+3)-(2.3a-1.2)$

$=2.4a+3-2.3a+1.2$

$=2.4a-2.3a+3+1.2$

$=0.1a+4.2$

(4) $\left(\dfrac{2}{3}y-\dfrac{1}{2}\right)-\left(\dfrac{1}{2}y-\dfrac{4}{3}\right)$

$=\dfrac{2}{3}y-\dfrac{1}{2}-\dfrac{1}{2}y+\dfrac{4}{3}$

$=\dfrac{2}{3}y-\dfrac{1}{2}y-\dfrac{1}{2}+\dfrac{4}{3}$

$=\left(\dfrac{4}{6}-\dfrac{3}{6}\right)y-\dfrac{3}{6}+\dfrac{8}{6}$

$=\dfrac{1}{6}y+\dfrac{5}{6}$

❺ (1) $-12y$ (2) $6a$

(3) $4x$ (4) $-\dfrac{15}{4}y$

(5) $-6a+9$ (6) $3x-4$

(7) $-\dfrac{2}{3}x+\dfrac{1}{4}$ (8) $\dfrac{6}{5}x-\dfrac{9}{2}$

解き方 「1次の項×数」の計算では，「係数×数×文字」の形にして計算する。

かっこをはずすには，次の分配法則を用いる。

$$a(b+c)=ab+ac$$
$$(a+b)c=ac+bc$$

(1) $4\times(-3y)$
$=4\times(-3)\times y$
$=-12y$

(2) $(-2a)\times(-3)$
$=(-2)\times(-3)\times a$
$=6a$

(3) $12x\div3$
$=(12\div3)\times x$
$=4x$

(4) $9y\div\left(-\dfrac{12}{5}\right)$
$-9\times\left(-\dfrac{5}{12}\right)\times y$
$=-\dfrac{15}{4}y$

(5) $-3(2a-3)$
$=-3\times2a-3\times(-3)$
$=-3\times2\times a+3\times3$
$=-6a+9$

(6) $(-6x+8)\times\left(-\dfrac{1}{2}\right)$
$=-6x\times\left(-\dfrac{1}{2}\right)+8\times\left(-\dfrac{1}{2}\right)$
$=-6\times\left(-\dfrac{1}{2}\right)\times x+8\times\left(-\dfrac{1}{2}\right)$
$=3x-4$

(7) $(-24x+9)\div36$
$=(-24x+9)\times\dfrac{1}{36}$
$=-24x\times\dfrac{1}{36}+9\times\dfrac{1}{36}$
$=-24\times\dfrac{1}{36}\times x+\dfrac{1}{4}$
$=-\dfrac{2}{3}x+\dfrac{1}{4}$

(8) $\left(\dfrac{8}{5}x-6\right)\div\dfrac{4}{3}$
$=\left(\dfrac{8}{5}x-6\right)\times\dfrac{3}{4}$
$=\dfrac{8}{5}x\times\dfrac{3}{4}-6\times\dfrac{3}{4}$
$=\dfrac{8}{5}\times\dfrac{3}{4}\times x-\dfrac{9}{2}$
$=\dfrac{6}{5}x-\dfrac{9}{2}$

❻ (1) $4(n-1)$ 個
(2) $(4n-4)$ 個

解き方 (1) $(n-1)$ 個の組が4つある。
(2) n 個の組が4つあるが，角の4個が重複している。

❼ (1) $1000-(5x+3y)=z$
(2) $2a+3=100-3b$
(3) $2a+3b<2000$

解き方 数量の関係を，等号を使って表した式を等式といい，不等号を使って表した式を不等式という。不等号には，$<$，$\leqq$，$>$，$\geqq$ の4つがあるが，その意味はしっかり理解しておきたい。

$A<B$　「A は B より小さい」「A は B 未満」
$A\leqq B$　「A は B 以下」「A は B をこえない」
$A>B$　「A は B より大きい」
$A\geqq B$　「A は B 以上」

(1) おつりを求める式をつくる。
代金は $(5x+3y)$ 円になる。
(2) 「ある数 a の2倍に3を加える」を表した式が左辺，「100 からある数 b の3倍をひいたもの」を表した式が右辺になる。
「…すると，」などのように，コンマ「，」で文が切れるとき，コンマの前が左辺の内容を表し，コンマの後が右辺の内容を表していることが多い。
(3) 入場料は $(2a+3b)$ 円になる。「2000円かからない」は「2000円より安い」の意味になるから，不等号は $<$ を用いる。

p.18-19 **Step 3**

❶ (1) $-7a$　(2) $\dfrac{3x-4}{3}$　(3) $\dfrac{3x}{y}$　(4) $-2b^2-ab$

❷ (1) $5\times a-b\div3$　(2) $x\times x+x\times y\times y$

　(3) $(a+b)\div2\div c$　(4) $(x-y)\div3+x\times x\times x$

❸ (1) $ab\ \mathrm{cm}^2$　(2) $0.3x$ 円

　(3) $\dfrac{20}{x}$ 時間　(4) $(1000-2a)$ 円

❹ (1) 16　(2) -20　(3) $\dfrac{97}{6}$　(4) $-\dfrac{1}{6}$

❺ (1) $-x$　(2) $-5y+5$　(3) $5a-6$　(4) $-5x-3$

　(5) $-6x+9$　(6) $6a-5b$　(7) $-2y-11$

　(8) $-3a-1$

❻ (1) $2x-5=3y+5$　　(2) $500-3a=b$

　(3) $\dfrac{a+b}{2}=\dfrac{c+d+e}{3}+2$

　(4) $a=6b+5$　　　(5) $5x+3y<2000$

❼ (1) $2x\times4-2\times2\times4$　　(2)

解き方

❶ 文字式の決まりにしたがって表す。

・×や÷の記号を省く。

・文字と数の積では，数を文字の前にかく。

・$1x$ や $1a$ などの 1 は省略し，x や a とかく。

・同じ文字の積は，累乗の指数を使って表す。

(2) $(3x-4)\div3=(3x-4)\times\dfrac{1}{3}=\dfrac{3x-4}{3}$

(4) $b\times b\times(-2)-a\times b$

$=(-2)\times b\times b-a\times b=-2b^2-ab$

❷ 分数はわり算の形になおし，累乗は×の記号を使って表す。×や÷を使った式にもどすと式は1通りではなく，何通りもあることが多い。

(3) 分子の式は（　）でくくる。

$\dfrac{a+b}{2c}=(a+b)\times\dfrac{1}{2}\times\dfrac{1}{c}=(a+b)\div2\div c$

なお，$(a+b)\div(2\times c)$ としてもよい。

また，数は分数のままでもよく，

$\dfrac{1}{2}\times(a+b)\div c$ としてもよい。

(4) $\dfrac{1}{3}\times(x-y)+x\times x\times x$ としてもよい。

❸ 文字の場合は，特に指示がない限り，×や÷の記号は使わない。単位をつけるのを忘れないように注意する。

(1) 長方形の面積＝縦×横

(2) 3割は小数で表すと 0.3 になる。

　　x の3割は，$x\times0.3=0.3x$

なお，$\dfrac{3}{10}x$ 円としてもよい。

(3) 時間＝道のり÷速さ

(4) 1000 円からショートケーキ2個分の代金をひく。

❹ 文字に数値を代入するときには，×の記号を使う。負の数を代入するときは，その負の数を（　）でくくる。

(2) $-3\times(-2)^2+4\times(-2)=-3\times4-4\times2$

$=-12-8=-20$

(4) $\dfrac{1}{-2}+\dfrac{1}{3}=-\dfrac{3}{6}+\dfrac{2}{6}=-\dfrac{1}{6}$

❺ 分配法則，結合法則，交換法則を適用して計算する。

(4) $(4x-7)-(9x-4)$

$=4x-7-9x+4$

$=4x-9x-7+4$

$=-5x-3$

(8) $\dfrac{1}{5}(-10a+15)-\dfrac{1}{3}(3a+12)$

$=\dfrac{1}{5}\times(-10a)+\dfrac{1}{5}\times15-\dfrac{1}{3}\times3a-\dfrac{1}{3}\times12$

$=-2a+3-a-4$

$=-2a-a+3-4$

$=-3a-1$

❻ 等式か不等式かは文章から読み取る。

(2) 単位を cm にそろえる。

(3) 平均点＝合計点÷人数

(4) a から5をひくと6でわり切れて商が b になるから，$\dfrac{a-5}{6}=b$ とすることができるが，

$a=6b+5$ とするのがふつう。

(5) 2000 円しないことから，□<2000 の形の不等式になる。

❼ くり返しのパターンを見つけて式に表す。

(1) $(x-4)\times2\times4+2\times2\times4$ としてもよい。

(2) 角の4個を除いた，$(x-2)$ 個の2列分がくり返しのパターンになる。

3章　方程式

1節　方程式

p.21-22　**Step 2**

❶ 1

[解き方] x の値を順に代入して，左辺の値と右辺の値を比較する。

$x=-2$ のとき

左辺$=-(-2)+5=7$，右辺$=6\times(-2)-2=-14$

$x=-1$ のとき

左辺$=-(-1)+5=6$，右辺$=6\times(-1)-2=-8$

$x=0$ のとき

左辺$=0+5=5$，右辺$=6\times0-2=-2$

$x=1$ のとき

左辺$=-1+5=4$，右辺$=6\times1-2=4$

$x=2$ のとき

左辺$=-2+5=3$，右辺$=6\times2-2=10$

❷ ㋑

[解き方] $x=-3$ を代入して，左辺の値と右辺の値を比較する。

㋐ 左辺$=8-2\times(-3)=14$，右辺$=3$

㋑ 左辺$=4\times(-3)=-12$，右辺$=-(-3)+15=18$

㋒ 左辺$=3\times(-3)+4=-5$，右辺$=5\times(-3)+12=-3$

㋓ 左辺$=3\times(-3+9)=18$，右辺$=3-5\times(-3)=18$

❸ ① ㋑　　　② ㋒

[解き方] ① 両辺から同じ数をひいても等式は成り立つ。
② 両辺に同じ数をかけても等式は成り立つ。

❹ (1) $x=2$　　(2) $x=5$
(3) $x=-12$　　(4) $x=6$

[解き方] 等式の性質を用いて式を変形する。

(1) $x-6=-4$

両辺に 6 をたす。

$x-6+6=-4+6$

$x=2$

(2) $7+x=12$

両辺から 7 をひく。

$x+7-7=12-7$

$x=5$

(3) $\dfrac{x}{4}=-3$

両辺に 4 をかける。

$\dfrac{x}{4}\times4=-3\times4$

$x=-12$

(4) $5x=30$

両辺を 5 でわる。

$\dfrac{5x}{5}=\dfrac{30}{5}$

$x=6$

❺ (1) $x=5$　　(2) $x=-5$
(3) $x=-4$　　(4) $x=-2$

[解き方] 移項により，文字の項は左辺，定数項は右辺にまとめて計算する。

(1) $3x+5=20$

5 を移項すると，

$3x=20-5$

$3x=15$

両辺を 3 でわって，

$x=5$

(2) $6x=4x-10$

$4x$ を移項すると，

$6x-4x=-10$

$2x=-10$

両辺を 2 でわって，

$x=-5$

(3) $2x-9=5x+3$

$2x-5x=3+9$

$-3x=12$

$x=-4$

(4) $-4x+7=3x+21$

$-4x-3x=21-7$

$-7x=14$

$x=-2$

❻ (1) $x=4$　　(2) $a=2$　　(3) $x=6$
(4) $x=5$　　(5) $x=2$　　(6) $x=5$

[解き方] かっこをはずして式を整理する。

(1) $3(x-2)=-2x+14$

$3x-6=-2x+14$

$3x+2x=14+6$

$5x=20$

$x=4$

(2) $-4(2a-3)=2a-8$

$-8a+12=2a-8$

$-8a-2a=-8-12$

$-10a=-20$

$a=2$

(3) $20(4x-9)=300$

両辺を 20 でわると，

$4x-9=15$

$4x=15+9$

$4x=24$

$x=6$

(4) $96x=16(3x+15)$

両辺を 16 でわると，

$6x=3x+15$

$6x-3x=15$

$3x=15$

$x=5$

(5) $3x-4(3-2x)=10$

$3x-12+8x=10$

$3x+8x=10+12$

$11x=22$

$x=2$

(6) $5x-3=2(4x-9)$

$5x-3=8x-18$

$5x-8x=-18+3$

$-3x=-15$

$x=5$

❼ (1) $x=8$　　　　(2) $a=4$

　(3) $y=12$　　　 (4) $x=5$

　(5) $x=6$　　　　(6) $x=3$

解き方 係数が整数になるように，両辺を 10 倍したり 100 倍したりする。

(1) $0.3x-0.5=1.9$
両辺を 10 倍すると，
$3x-5=19$
$3x=19+5$
$3x=24$
$x=8$

(2) $1.2a-0.3=0.4a+2.9$
両辺を 10 倍すると，
$12a-3=4a+29$
$12a-4a=29+3$
$8a=32$
$a=4$

(3) $0.24-0.16y=1.32-0.25y$
両辺を 100 倍して，
$24-16y=132-25y$
$-16y+25y=132-24$
$9y=108$
$y=12$

(4) $1.5-1.4x=-0.5x-3$
両辺を 10 倍して，
$15-14x=-5x-30$
$-14x+5x=-30-15$
$-9x=-45$
$x=5$

(5) $0.16x+0.24=-0.04x+1.44$
両辺を 100 倍して，
$16x+24=-4x+144$
$16x+4x=144-24$
$20x=120$
$x=6$

(6) $0.35-0.25x=0.6x-2.2$
両辺を 100 倍して，
$35-25x=60x-220$
$-25x-60x=-220-35$
$-85x=-255$
$x=3$

❽ (1) $x=12$　　　(2) $y=6$

　(3) $x=5$　　　　(4) $a=-3$

　(5) $x=6$　　　　(6) $x=-2$

解き方 両辺に分母の最小公倍数をかけて，分母をはらって，係数を整数にする。

(1) $\frac{1}{2}x-2=\frac{1}{3}x$
両辺に 6 をかけると，
$3x-12=2x$
$3x-2x=12$
$x=12$

(2) $\frac{3}{4}y+2=\frac{1}{3}y+\frac{9}{2}$
両辺に 12 をかけると，
$9y+24=4y+54$
$9y-4y=54-24$
$5y=30$
$y=6$

(3) $\frac{2x-7}{3}=\frac{2x-5}{5}$
$5(2x-7)=3(2x-5)$
$10x-35=6x-15$
$10x-6x=-15+35$
$4x=20$
$x=5$

(4) $\frac{a}{6}-1=\frac{a-3}{4}$
$2a-12=3(a-3)$
$2a-12=3a-9$
$2a-3a=-9+12$
$-a=3$
$a=-3$

(5) $\frac{1}{3}x=\frac{4x+1}{5}-3$
両辺に 15 をかけると，
$5x=3(4x+1)-45$
$5x=12x+3-45$
$5x-12x=-42$
$-7x=-42$
$x=6$

(6) $2-\frac{7-x}{6}=-\frac{x}{4}$
両辺に 12 をかけると，
$24-2(7-x)=-3x$
$24-14+2x=-3x$
$2x+3x=-10$
$5x=-10$
$x=-2$

❾ $a=8$

解き方 $5x+6a=-2x+11a-5$
$x=5$ を代入すると，
$5\times5+6a=-2\times5+11a-5$
$25+6a=-10+11a-5$
$-5a=-40$
$a=8$

10

2節 方程式の活用

p.24-25 **Step 2**

❶ (1) $36+x=2(12+x)$　(2) 12 年後

解き方 (1) x 年後に母は $(36+x)$ 歳，子は $(12+x)$ 歳になるから，$36+x=2(12+x)$

(2) $36+x=2(12+x)$

$36+x=24+2x$

$x-2x=24-36$

$x=12$〔年後〕

❷ (1) $180x+120(12-x)=1680$

(2) りんご　4 個，かき　8 個

解き方 (1) りんごの個数を x 個とすると，かきの個数は $(12-x)$ 個になる。代金についての式をつくると，

$180x+120(12-x)=1680$

(2) $180x+120(12-x)=1680$

両辺を 60 でわると，

$3x+2(12-x)=28$

$3x+24-2x=28$

$x=28-24=4$〔個〕 … りんご

$12-4=8$〔個〕 … かき

りんご 4 個，かき 8 個とすると問題にあう。

注 解が問題にあうかあわないかの確かめとは，次のような場合である。

・整数値を求める問題なのに答えが分数になった。

・正の数を求める問題なのに答えが負の数になった。

❸ (1) $4x+13=5(x-4)+3$

(2) $\dfrac{x-13}{4}=\dfrac{x-3}{5}+4$

(3) 長いす　30 脚，生徒の人数　133 人

解き方 (1) 生徒が 5 人座る長いすは $(x-4)$ 脚となるから，生徒の人数についての式をつくると，

$4x+13=5(x-4)+3$

(2) 生徒が 5 人座る長いすは $\dfrac{x-3}{5}$ 脚であり，3 人座る長いすは 1 脚，だれも座らない長いすは 3 脚であるから，長いすの脚数についての式をつくると，

$\dfrac{x-13}{4}=\dfrac{x-3}{5}+4$

(3) $4x+13=5(x-4)+3$

$4x+13=5x-20+3$

$4x-5x=-17-13$

$x=30$〔脚〕 … 長いす

$4\times30+13=133$〔人〕 … 生徒の人数

❹ (1) $\dfrac{x}{60}-\dfrac{x}{80}=15$

(2) AB 間の道のり　3600 m

兄のかかる時間　45 分

解き方 (1) 兄のかかる時間は $\dfrac{x}{80}$ 分，弟のかかる時間は $\dfrac{x}{60}$ 分になるから，$\dfrac{x}{60}-\dfrac{x}{80}=15$

(2) $\dfrac{x}{60}-\dfrac{x}{80}=15$

両辺に 240 をかけると，

$4x-3x=3600$

$x=3600$〔m〕 … AB 間の道のり

$3600\div80=45$〔分〕 … 兄のかかる時間

❺ (1) $260x=60(x+15)$

(2) 問題にあわない。

理由　例：お兄さんがさやかさんに追いつくのにかかる時間は 4.5 分であるので，進む道のりは 1170 m となり，学校を通り越してしまう。したがって，お兄さんは学校へ行く途中でさやかさんに追いつくことはない。

解き方 (1) お兄さんが進んだ道のりは $260x$ m である。さやかさんがずっと歩き続けたとすると，進んだ道のりは $60(x+15)$ m になる。したがって，

$260x=60(x+15)$

(2) $260x=60(x+15)$

両辺を 20 でわると，

$13x=3(x+15)$

$13x=3x+45$

$10x=45$

$x=4.5$〔分〕

お兄さんの進む道のりは，$260\times4.5=1170$〔m〕

家から学校までは 1000 m であるから，お兄さんは学校へ行く途中でさやかさんに追いつくことはない。

6 (1) $\dfrac{3}{2}$　　　(2) $\dfrac{4}{5}$　　　(3) $\dfrac{1}{3}$

解き方 前の項を後の項でわったものが比の値である。

(1) $6 \div 4 = \dfrac{6}{4} = \dfrac{3}{2}$

(2) $\dfrac{2}{3} \div \dfrac{5}{6} = \dfrac{2}{3} \times \dfrac{6}{5} = \dfrac{4}{5}$

(3) $2.4 \div 7.2 = \dfrac{24}{10} \div \dfrac{72}{10} = \dfrac{24}{10} \times \dfrac{10}{72} = \dfrac{1}{3}$

7 (1) $x=12$　　　　　(2) $x=3$

　　(3) $x=12$　　　　　(4) $x=6$

　　(5) $x=9$　　　　　(6) $x=\dfrac{1}{9}$

解き方 $a:b=c:d$ のとき，$ad=bc$ が成り立つ。

(1) $4:3=x:9$
$3x=4\times9$
$x=12$

(2) $x:2=12:8$
$8x=2\times12$
$x=3$

(3) $6:18=4:x$
$6x=18\times4$
$x=\dfrac{18\times4}{6}$
$x=12$

(4) $7:x=56:48$
$56x=7\times48$
$x=\dfrac{7\times48}{56}$
$x=6$

(5) $4:(x-2)=20:35$
$20(x-2)=4\times35$
$x-2=\dfrac{4\times35}{20}$
$x-2=7$
$x=9$

(6) $\dfrac{3}{4}:6=x:\dfrac{8}{9}$
$6x=\dfrac{3}{4}\times\dfrac{8}{9}$
$6x=\dfrac{2}{3}$
$x=\dfrac{2}{3}\times\dfrac{1}{6}=\dfrac{1}{9}$

参考 $a:b$ の比の値 $\dfrac{a}{b}$ で分子，分母に k をかけると，

$\dfrac{a}{b}=\dfrac{ka}{kb}$ であるから，

$a:b=ka:kb$

同様にして，$a:b=\dfrac{a}{m}:\dfrac{b}{m}$ （$m\neq0$）

つまり，前の項，後の項に同じ数をかけても，前の項，後の項を同じ数でわっても比は変わらない。

この性質を使うと，比例式が簡単に解けることがある。

(1)では，右辺の後の項は左辺の後の項の3倍になっているから，左辺の前の項を3倍したものが x の値になる。

(4)では，右辺の前の項，後の項を8でわると，

$56:48=7:6$

左辺と比較して，$x=6$

(5)では，両辺の前の項を比較すると，5倍していることがわかるから，35を5でわって，

$x-2=7$

8 (1) 式　$1000:50=1500:x$

　　食塩の量　75 g

　　(2) 675 g

解き方 (1) $1000:50=1500:x$
$1000x=50\times1500$
$x=75$

(2) 「小麦粉の量：水の量」で比例式をつくる。

$1000:450=1500:x$
$1000x=450\times1500$
$x=675$（g）

(1)の結果を用いて，「水の量：食塩の量」で比例式をつくって，求めてもよい。

$450:50=x:75$

❶ ㋒

❷ (1) $x=9$　(2) $x=-20$　(3) $x=4$　(4) $x=8$

(5) $x=\dfrac{2}{3}$　(6) $x=7$　(7) $x=2$　(8) $x=-20$

(9) $x=-20$　(10) $x=-2$

❸ $a=-4$

❹ 式　$5x+5=6x-8$

子ども 13 人　キャンディー 70 個

❺ 式　$150x+80(20-x)=2160$

りんご 8 個　なし 12 個

❻ 式　$60(x+10)+240x=1800$　840 m

❼ (1) $x=5$　(2) $x=3$　(3) $x=35$　(4) $x=9$

❽ 式　$(8400-x):(6000-x)=5:3$　2400 円

解き方

❶ $x=-2$ を代入して，両辺の値を比較する。

㋐ 左辺 $=-2-7=-9$　右辺 $=-5$

㋑ 左辺 $=2\times(-2)+5=1$

右辺 $=3\times(-2)+4=-2$

㋒ 左辺 $=2\{3\times(-2)-4\}=2\times(-10)=-20$

右辺 $=5\times(-2)-10=-10-10=-20$

❷ (7) $4.7x-1.2=2.3x+3.6$

両辺を 10 倍すると，

$47x-12=23x+36$

$47x-23x=36+12$

$24x=48$

$x=2$

(10) $\dfrac{2x+1}{3}=\dfrac{3x+2}{4}$

$4(2x+1)=3(3x+2)$

$8x+4=9x+6$

$8x-9x=6-4$

$-x=2$

$x=-2$

❸ $x=-2$ を代入して，

$-6-2a=-14+4a+32$

$-6a=24$

$a=-4$

❹ $5x+5=6x-8$

$5x-6x=-8-5$

$-x=-13$

$x=13$〔人〕… 子ども

$5\times13+5=70$〔個〕… キャンディー

❺ $150x+80(20-x)=2160$

両辺を 10 でわると，

$15x+8(20-x)=216$

$15x+160-8x=216$

$7x=56$

$x=8$〔個〕… りんご

$20-8=12$〔個〕… なし

❻ 弟が歩いた時間は $(x+10)$ 分になる。兄と弟が進んだ道のりの合計が AB 間の道のりになる。

$60(x+10)+240x=1800$

両辺を 60 でわって，

$x+10+4x=30$

$5x=20$

$x=4$〔分〕

弟が進んだ道のりが A 地点までの道のりになるから，

$60\times(4+10)=840$〔m〕

❼ $a:b=c:d$ のとき，$ad=bc$ が成り立つ。

(3) $(x+5):16=5:2$

$2(x+5)=16\times5$

$x+5=40$

$x=35$

(4) $28:12=(4x-1):15$

$12(4x-1)=28\times15$

$4x-1=\dfrac{28\times15}{12}$

$4x-1=35$

$x=9$

❽ A の残りの所持金は $(8400-x)$ 円，B の残りの所持金は $(6000-x)$ 円となる。

$(8400-x):(6000-x)=5:3$

$3(8400-x)=5(6000-x)$

$25200-3x=30000-5x$

$5x-3x=30000-25200$

$2x=4800$

$x=2400$〔円〕

4章 比例と反比例

1節 関数

2節 比例

p.29-30 Step **2**

❶ ②，③

解き方 y を x の式で表すことができるときは，x の値を決めると y の値がただ 1 つ決まるので，y は x の関数であるといえる。

① 同じ身長の人でも体重はさまざまである。

② $y = \dfrac{x}{5}$

③ $y = \dfrac{100}{x}$

④ 周の長さが決まっても，底辺や高さは決まらない。

❷ (1) $x \geqq 3$ (2) $-1 \leqq x < 3$

解き方 (1)「…以上」のときは，不等号は ≧ を用いる。
(2) $3 > x \geqq -1$ としても誤りとはいえないが，不等号を 2 つ用いて変域を表すときには，小さい数が左にくるようにかくのがふつうである。

❸ (1) ⑦ 45 ④ -9 ⑦ 12
(2) $y = -9x$
(3) $-117 \leqq y \leqq 54$

解き方 (1) y が x に比例するときは，$\dfrac{y}{x}$ ＝一定になる。

$x = -1$ のとき，$y = 9$ であるから，

$$\dfrac{y}{x} = -9$$

したがって， ⑦ $\div (-5) = -9$ ⇒ ⑦ $= 45$

④ $\div 1 = -9$ ⇒ ④ $= -9$

$-108 \div$ ⑦ $= -9$ ⇒ ⑦ $= 12$

(2) $\dfrac{y}{x} = -9$ だから，$y = -9x$

(3) $x = -6$ のとき $y = (-9) \times (-6) = 54$
$x = 13$ のとき $y = (-9) \times 13 = -117$
したがって，$-117 \leqq y \leqq 54$

❹ (1) A $(3,\ 2)$ B $(-3,\ -3)$

(2)
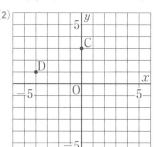

解き方 (1) 座標平面上の点から x 軸に垂直にひいた直線と x 軸との交点が x 座標であり，y 軸に垂直にひいた直線と y 軸との交点が y 座標になる。

❺ (1) ① $y = \dfrac{1}{2}x$ ② $y = -\dfrac{4}{3}x$

(2)
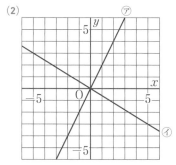

解き方 (2) x 座標，y 座標とも整数になる点を選び，その点と原点を通る直線をひく。

⑦ $(1,\ 2)$ を通る。

④ $(5,\ -3)$ を通る。

❻ (1) $y = -3x$ (2) $y = \dfrac{1}{2}x$

(3) $y = -\dfrac{3}{4}x$

解き方 $\dfrac{y}{x}$ の値を計算し，比例定数を求める。

(1) $\dfrac{9}{-3} = -3$ ⇒ $y = -3x$

(2) 原点からの増加量で考えれば，点 $(2,\ 1)$ を通ることがわかる。

⇒ $y = \dfrac{1}{2}x$

(3) 点 $(4,\ -3)$ を通る。

⇒ $y = -\dfrac{3}{4}x$

❼ (1) $y = \dfrac{4}{3}x$　　　(2) $\dfrac{4}{3}$

　　(3) $y = 8$　　　　(4) $x = -15$

解き方 (1)(2) y が x に比例しているから，比例定数を a とすると，$y = ax$

　　$x = 3$，$y = 4$ を代入して，$4 = 3a$

　　$a = \dfrac{4}{3}$（比例定数）

したがって，$y = \dfrac{4}{3}x$

(3) $y = \dfrac{4}{3}x$ で，$x = 6$ を代入すると，

　　$y = \dfrac{4}{3} \times 6 = 8$

(4) $y = \dfrac{4}{3}x$ で，$y = -20$ を代入すると，

　　$-20 = \dfrac{4}{3}x$

　　$x = -20 \times \dfrac{3}{4} = -15$

❽ (1) $y = 4x$　　　　(2) 20 分後

　　(3) $0 \leqq x \leqq 30$

解き方 (1) 水面の高さは時間に比例するから，比例定数を a とすると，$y = ax$

$x = 5$ のとき $y = 20$ だから，

　　$20 = 5a$

　　$a = 4$

したがって，$y = 4x$

(2) 水面の高さが 80 cm になるから，

　　$80 = 4x$

　　$x = 20$

(3) 水面の高さが 120 cm になるのは，

　　$120 = 4x$

　　$x = 30$

これより，$0 \leqq x \leqq 30$

---

3 節　反比例

4 節　比例と反比例の活用

p.32-33　Step ❷

❶ (1) 式　$y = \dfrac{120}{x}$　　　比例定数　120

　　(2) 式　$y = \dfrac{40}{x}$　　　比例定数　40

解き方 (1)「速さ×時間＝道のり」であるから，

　　$xy = 120$　　したがって，$y = \dfrac{120}{x}$

(2)「三角形の面積＝底面積×高さ÷2」であるから，

　　$\dfrac{1}{2}xy = 20$　　したがって，$y = \dfrac{40}{x}$

❷ (1) ⑦ -6　　　④ 12　　　⑦ 24

　　　　⑤ -24　　　⑦ $-\dfrac{4}{3}$

　　(2) $y = -\dfrac{24}{x}$

　　(3) $-12 \leqq y \leqq -3$

　　(4) $3 \leqq y \leqq 8$

解き方 (1) y が x に反比例するときは，積 xy は一定になる。

　　$x = 2$ のとき，$y = -12$ であるから，

　　⑦ $\times 4 = 2 \times (-12)$

　　したがって，⑦ $= -6$

　　$(-2) \times$ ④ $= -24$　$\Rightarrow$　④ $= 12$

　　$(-1) \times$ ⑦ $= -24$　$\Rightarrow$　⑦ $= 24$

　　$1 \times$ ⑤ $= -24$　$\Rightarrow$　⑤ $= -24$

　　$18 \times$ ⑦ $= -24$　$\Rightarrow$　⑦ $= -\dfrac{4}{3}$

(2) $xy = -24$ だから，$y = -\dfrac{24}{x}$

(3) $x = 2$ のとき，$y = -\dfrac{24}{2} = -12$

　　$x = 8$ のとき，$y = -\dfrac{24}{8} = -3$

したがって，$-12 \leqq y \leqq -3$

(4) $x = -8$ のとき，$y = -\dfrac{24}{(-8)} = 3$

　　$x = -3$ のとき，$y = -\dfrac{24}{(-3)} = 8$

したがって，$3 \leqq y \leqq 8$

❸ (1) 式 $y=\dfrac{40}{x}$ y の値 -4

(2) 式 $y=-\dfrac{72}{x}$ x の値 $-\dfrac{1}{2}$

解き方 (1) $y=\dfrac{a}{x}$ に, $x=5$, $y=8$ を代入して,

$8=\dfrac{a}{5}$ $a=40$

したがって, $y=\dfrac{40}{x}$

$x=-10$ のとき, $y=\dfrac{40}{-10}=-4$

(2) $y=\dfrac{a}{x}$ に, $x=8$, $y=-9$ を代入して,

$-9=\dfrac{a}{8}$ $a=-72$

したがって, $y=-\dfrac{72}{x}$

$y=144$ のとき, $144=-\dfrac{72}{x}$

$x=-\dfrac{1}{2}$

❹ (1)
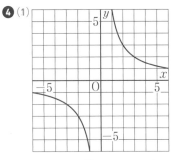

(2) ① $y=-\dfrac{12}{x}$ ② $1 \leqq y \leqq 3$

解き方 (1) $(1,\ 6)$, $(2,\ 3)$, $(3,\ 2)$, $(6,\ 1)$ などの点をとり, なめらかな曲線で結ぶ。原点に関して対称な位置にも曲線ができることに注意する。

(2) ① 反比例の式をつくるとき, 比例定数を求めてつくることもできる。

点 $(3,\ -4)$ を通るから $xy=3\times(-4)$

したがって, $y=-\dfrac{12}{x}$

② $y=-\dfrac{12}{x}$ で,

$x=-12$ のとき, $y=-\dfrac{12}{(-12)}=1$

$x=-4$ のとき, $y=-\dfrac{12}{(-4)}=3$

したがって, $1 \leqq y \leqq 3$

❺ (1) 分速 80 m

(2) 1680 m

(3) $y=60x$

(4) 420 m

(5) 1440 m

解き方 (1) 兄は妹より速く歩くことを考えて, グラフから, 10 分間に歩く道のりをそれぞれ求めると,

兄が 800 m, 妹が 600 m

である。

これより, 兄の歩く速さは,

$800 \div 10 = 80$ 〔m/分〕

(2) 兄は 21 分後に学校に着いているので,

$80 \times 21 = 1680$ 〔m〕

(3) 妹の歩く速さは,

$600 \div 10 = 60$ 〔m/分〕

したがって, $y=60x$

(4) $y=60x$ に, $x=21$ を代入すると,

$y=60 \times 21 = 1260$ 〔m〕…妹が歩いた道のり

したがって, 学校までは,

$1680 - 1260 = 420$ 〔m〕

(5) 兄が学校で折り返してから, 2 人が出会うまでの時間を x 分とすると,

$80x + 60x = 420$

$140x = 420$

$x = 3$ 〔分〕

したがって, 家からの道のりは,

$1260 + 60 \times 3 = 1440$ 〔m〕

p.34-35 **Step ③**

❶ (1) $y=24-x$　△　(2) $y=250x$　○

(3) $y=\dfrac{32}{x}$　×　(4) $y=\pi x$　○

(5) $y=\dfrac{2000}{x}$　×

❷ (1)① $y=\dfrac{4}{3}x$　② 9

(2)① $y=-2x$　② $-10\le y\le -4$

(3)① $y=\dfrac{36}{x}$　② -9

(4)① $y=-\dfrac{16}{x}$　② 増加する

❸ ㋐ $y=\dfrac{1}{3}x$　㋑ $y=-\dfrac{4}{5}x$　㋒ $y=\dfrac{4}{x}$

㋓ $y=-\dfrac{10}{x}$

❹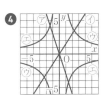

❺ (1) $y=\dfrac{12}{x}$　(2) Q$\left(\dfrac{3}{2},\ 8\right)$

(3) $y=\dfrac{16}{3}x$　(4) 18 cm²

❻ (1) $y=8x$　(2) $0\le x\le 4$

(3) $0\le y\le 32$　(4) 2.5 秒後

❹ ㋐ 点 $(1,\ -3)$ を通る。この点と原点を通る直線をひく。

㋑ 点 $(2,\ 3)$ を通る。この点と原点を通る直線をひく。

㋒ $(1.6,\ 5),\ (2,\ 4),\ (4,\ 2),\ (5,\ 1.6)$ などを通る。これらの点を通るなめらかな曲線をかく。原点に関して対称な位置にも忘れず曲線をかく。

㋓ $(1,\ -6),\ (2,\ -3),\ (3,\ -2),\ (6,\ -1)$ などを通る。これらの点を通るなめらかな曲線をかく。原点に関して対称な位置にも忘れず曲線をかく。

❺ (1) AP は x 軸に平行だから点 P の y 座標は 2 となるから，直線 $y=\dfrac{1}{3}x$ に，$y=2$ を代入すると，

$$2=\dfrac{1}{3}x\quad x=6$$

これより点 P の座標は，P$(6,\ 2)$

双曲線①は点 P を通るから，$xy=6\times 2$

したがって，$y=\dfrac{12}{x}$

(2) (1)で求めた式に $x=\dfrac{3}{2}$ を代入すると，$y=8$

(3) 直線②は原点と点 Q を通るから比例定数は，

$$8\div\dfrac{3}{2}=\dfrac{16}{3}$$

したがって，$y=\dfrac{16}{3}x$

(4) 底辺を AP とするとき，AP$=6$，

高さは $8-2=6$ より面積は，

$6\times 6\div 2=18$〔cm²〕

❻ (1) BQ$=2x$ だから，三角形 PBQ の面積 y は，

$y=2x\times 8\div 2$　より　$y=8x$

(2) 点 P が頂点 D に到達する時間は，

$12\div 3=4$〔秒〕

同じように，点 Q が頂点 C に到達する時間は，

$12\div 2=6$〔秒〕

これより点 Q が頂点 C に到達する前に，点 P は頂点 D に到達する。

したがって，$0\le x\le 4$

(3) $x=4$ のとき，$y=8\times 4=32$

したがって，$0\le y\le 32$

(4) $y=8x$ に $y=20$ を代入すると，

$20=8x$

$x=2.5$〔秒後〕

解き方

❶ 比例の式は $y=ax$，反比例の式は $y=\dfrac{a}{x}$ の形になる。

(1) $x+y=24$　　$y=24-x$　⇒　△

(3) $\dfrac{1}{2}xy=16$ より，$y=\dfrac{32}{x}$　⇒　×

❷ (1)① 比例定数は，$\dfrac{8}{6}=\dfrac{4}{3}$　⇒　$y=\dfrac{4}{3}x$

(2)① 比例定数は，$\dfrac{6}{-3}=-2$　⇒　$y=-2x$

(3)① $xy=6\times 6$　⇒　$y=\dfrac{36}{x}$

(4)① $xy=(-2)\times 8$　⇒　$y=-\dfrac{16}{x}$

❸ ㋐ 点 $(3,\ 1)$ を通るから，比例定数は $\dfrac{1}{3}$

したがって，$y=\dfrac{1}{3}x$

㋓ 点 $(2,\ -5)$ を通るから，$xy=2\times(-5)$

したがって，$y=-\dfrac{10}{x}$

5章 平面図形

1節 基本の図形

2節 図形の移動

p.37-38 Step 2

❶

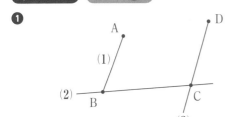

解き方 (1) 線分は直線の一部で，両端のあるものをいう。

(2) 直線は両方向に限りなくまっすぐのびる線のことで，端がない。

(3) 半直線は直線の一部で，端が1つある。半直線 DC とかくときは，点 D が端点になり，C の方向にまっすぐにのびている。

❷ (1) AD∥BC   (2) AC⊥BD

(3) AB＝DC   (4) △OBC

(5) OB＝OC

解き方 (1) 平行であることは，記号 ∥ を使って表す。線分や直線の向きは同じにする。したがって，AD∥CB などとはかかない。

(2) 垂直であることは，記号 ⊥ を使って表す。

(3) 長さや距離が等しいことは，等号の記号＝を使って表す。

(4) 三角形を表すには，記号△を使う。

(5) 2点間の距離とは線分の長さのことである。

❸ (1) 65°   (2) 50°

解き方 円の接線は接点を通る半径に垂直である。つまり，接線と半径がつくる角は 90° である。

(1) 三角形の角は全部で 180° であるから，

∠x＋25°＋90°＝180° これを解いて，∠x＝65°

(2) 四角形の角は全部で 360° であるから，

∠x＋130°＋90°×2＝360°

これを解いて，∠x＝50°

❹ (1) ㋕

(2) ㋔

(3) ㋑，㋓，㋕，㋗

解き方 図形の移動には，平行移動，回転移動，対称移動の3つがある。

(1) 平行移動は図形を1つの方向に，ある長さだけずらす移動である。㋐を右下の方向に平行移動すると㋕と重なる。

(2) 回転移動は，1つの点を中心としてある角度だけまわす移動である。180° の回転移動は点対称移動である。㋐を点 O を中心に，点対称移動させると㋔に重なる。

(3) 対称移動は，1つの直線を軸として折り返す移動である。対称移動で㋐と重ねることのできるものは，対称の軸を変えることで，4つ見つけることができる。

❺ (1) 点 O を中心に 90° 回転する。

(2) 点 D   (3) 線分 BO

(4) 正方形

解き方 (1) △ABO，△DAO は合同な直角二等辺三角形なので，点 O を中心として時計まわりに 90° 回転すれば，点 A は点 D に，点 B は点 A に移動する。したがって，△ABO は，△DAO に重なる。

(2) 点対称移動は 180° の回転移動である。したがって，△ABO は，点対称移動すると，辺 OB は辺 OD に重なる。よって，点 B に対応するのは，点 D になる。

(3) 対称移動は，1つの直線を軸として折り返す移動なので，△ABO を △CBO に重ねるためには，BO を折り目として折り返せばよい。

(4) AO＝BO＝CO＝DO，(1)〜(3)より，AB＝BC＝CD＝DA なので，四角形 ABCD は，正方形である。

3節 基本の作図

4節 おうぎ形

p.40-41　Step ❷

❶

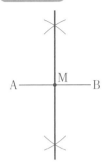

解き方 点 A，B を中心とする円弧をかき，2 つの交点を通る直線をひく。

線分 AB との交点が線分 AB の中点になる。

❷ (1)

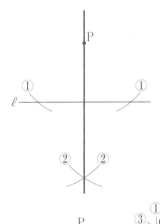

(2)

解き方 (1)① 点 P を中心として円をかき，直線 ℓ との交点を求める。

② ①で求めた交点を中心として，同一半径の円をかいて交点を求める。

③ ②で求めた交点と点 P を通る直線をひく。

(2)① 点 P を中心とする円弧をかく。直線 ℓ との交点を A とする。

② 点 A を中心として，①と同じ半径で円をかき，直線 ℓ との交点を B とする。

③ 点 B を中心として，①と同じ半径で円をかき，①の円弧との交点を Q とする。

④ 点 P，Q を通る直線をひく。

❸

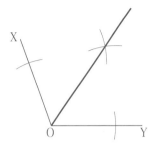

解き方 点 O を中心とする円弧と，半直線 OX，OY との交点を求める。それらの交点を中心として，同一半径の円をかいてできる交点と点 O を結ぶ。

❹

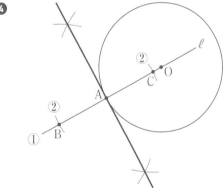

解き方 ① 点 O，A を通る直線 ℓ をひく。

② 点 A を中心として円をかき，直線 ℓ との交点を B，C とする。

③ 2 点 B，C の垂直二等分線を作図する。

❺

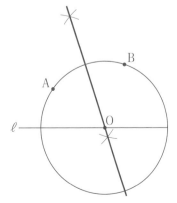

解き方 2 点 A，B の垂直二等分線と直線 ℓ との交点が円 O の中心になる。OA を半径として円をかく。

❻
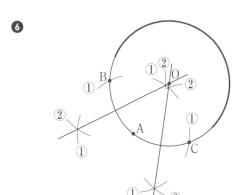

解き方 ① 円弧上の点 A を中心として円をかく。円弧との交点を B，C とする。
② 2点 A，B および 2点 A，C の垂直二等分線をひくと，その交点が円の中心 O になる。OA を半径として円をかく。

❼
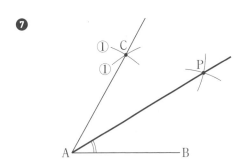

解き方 ① 点 A，B を中心として，線分 AB を半径とする円弧をかき，その交点を C とする。三角形 ABC は正三角形になるので，∠CAB＝60° である。∠CAB の二等分線を作図すればよい。

❽ (1) 弧の長さ $\dfrac{18}{5}\pi$ cm

面積 $\dfrac{54}{5}\pi$ cm²

(2) 5π cm²

解き方 おうぎ形の弧の長さや面積は，中心角の大きさに比例する。

(1) 弧の長さ＝$2\times\pi\times$半径$\times\dfrac{\text{中心角}}{360°}$ で求める。

$$2\times\pi\times6\times\dfrac{108}{360}=\dfrac{18}{5}\pi\,(\text{cm})$$

面積は，$\pi\times(\text{半径})^2\times\dfrac{\text{中心角}}{360°}$ で求める。

$$\pi\times6^2\times\dfrac{108}{360}=\dfrac{54}{5}\pi\,(\text{cm}^2)$$

(2) 面積は，$\dfrac{1}{2}\times$弧の長さ$\times$半径で求める。

$$\dfrac{1}{2}\times2\pi\times5=5\pi\,(\text{cm}^2)$$

別解 (2) 半径 5 cm の円の円周は，

$$2\times\pi\times5=10\pi\,(\text{cm})$$

おうぎ形の弧の長さは 2π cm なので，

このおうぎ形は円の $\dfrac{2\pi}{10\pi}=\dfrac{1}{5}$ にあたる。

したがって，面積も円の $\dfrac{1}{5}$ になるので，

$$\pi\times5^2\times\dfrac{1}{5}=5\pi\,(\text{cm}^2)$$

絶対暗記 おうぎ形の弧の長さと面積
半径 r，中心角 $x°$ のおうぎ形の弧の長さを ℓ，面積を S とすると，

弧の長さ

$$\ell=2\pi r\times\dfrac{x}{360}$$

面積

$$S=\pi r^2\times\dfrac{x}{360}$$

おうぎ形の面積 S は，次の式で表すこともできる。

$$S=\dfrac{1}{2}\ell r$$

❶ (1) $\ell /\!/ n$ (2) $n \perp m$, $\ell \perp m$ (3) ウ

❷ (1) ① $\perp$ ② 75 ③ $/\!/$ ④ EM

(2) 150

❸ (1)   (2)   (3)

❹

❺ (1) 点 G

(2) 点 O を中心として，時計まわりに $120°$ の回転移動

❻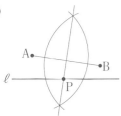

解き方

❶ (1) 方眼のめもりを使い，直線のかたむきが同じものを見つける。平行を表す記号は $/\!/$ である。

(2) $90°$ で交わる 2 直線を見つける。1 組だけとは限らない。垂直を表す記号は $\perp$ である。

(3) ある点から直線までの距離は，その点から直線にひいた垂線の長さで表される。

❷ (1) ① 対称の軸と，対応する 2 点を結んだ線分は，垂直に交わる。

② $\angle$BAF は，対称の軸 ℓ によって，二等分される。したがって，$\angle$BAD $= 150° \div 2 = 75°$

③ 線対称な図形では，対応する点を結ぶ線分は，すべて平行になる。

④ 対称の軸は，対応する 2 点を結んだ線分を垂直に 2 等分する。

(2) 円の接線は，接点を通る半径に垂直なので，

$\angle$PAO $= \angle$PBO $= 90°$

四角形 OAPB で，

$\angle x = 360° - (90° + 90° + 30°) = 150°$

❸ (1) 円の中心 O と P を結ぶ。点 P を通り，直線 OP に垂直な線をひく。

(2) 辺 AB，AC から等しい距離にある点は，$\angle$BAC の二等分線上にある。したがって $\angle$BAC の二等分線をひき，辺 BC との交点を点 P とする。

(3) 弦 AB，弦 CD の垂直二等分線 ℓ，m をそれぞれひく。ℓ 上の点は 2 点 A，B からの距離が等しく，m 上の点は 2 点 C，D からの距離が等しいので，2 直線 ℓ，m の交わった点 O をとれば点 A，B，C，D すべての点から距離が等しくなる。よって，この点 O が，円の中心になる。

❹ 点 A と点 C を結び，線分 AC の垂直二等分線をひく。これが，辺 AD，BC と交わる点を P，Q とする。点 P と点 Q を結んだ線が，折り目の線分となる。

❺ (1) 点 A を順に対称移動させて考える。

ℓ を対称の軸としたとき，点 A に対応するのは点 D である。さらに，m を対称の軸としたとき，点 D に対応するのは，点 G である。

(2) 点 C と点 O，点 I と点 O を結ぶと，$\angle$COI は，右の図のように，$120°$ になる。したがって，△ABC を 1 回

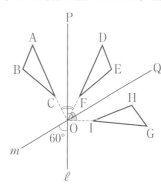

の移動で △GHI に重ねるには，点 O を回転の中心として，時計まわりに $120°$ 回転移動させればよい。

$\angle$COP $= \angle$FOP，$\angle$FOQ $= \angle$IOQ

$\angle$FOP $+ \angle$FOQ $= 60°$

よって，

$\angle$COI $= \angle$COP $+ \angle$FOP $+ \angle$FOQ $+ \angle$IOQ

$= 60° \times 2 = 120°$

❻ 点 A と点 B を結び，線分 AB とする。線分 AB の垂直二等分線をひき，ℓ との交点 P が，橋をかける位置である。

6章 空間図形

1節 空間図形の観察

p.45-46 Step 2

❶ (1) 五面体　　　　　　(2) 六面体
　(3) 八面体　　　　　　(4) 五面体

解き方 角柱は，平行に向かい合った1組の合同な多角形と，いくつかの長方形で囲まれた立体である。角錐は，1つの多角形と，その各辺を底辺とする三角形で囲まれた立体をいう。それぞれ，いくつの平面で囲まれているか数える。

❷ ②，③，⑤

解き方 すべての面が合同な正多角形で，1つの頂点に集まる面の数がどの頂点でも同じで，へこみのない多面体を正多面体という。
正多面体は，正四面体，正六面体(立方体)，正八面体，正十二面体，正二十面体の5種類しかない。

❸ (1) 辺AB，辺AE，辺CD，辺DH
　(2) 平行
　(3) 辺BF，辺CG，辺EF，辺HG

解き方 (2) 辺ADと辺FGは，同じ平面上にあり，交点をもたないので，平行になる。
(3) 平行ではないが交わらない2直線を「ねじれの位置」にあるという。

❹ ②

解き方 右の図は，直方体を2つ重ねた図である。
① 辺ABに垂直な辺BCと辺AEは平行ではなく，ねじれの位置にある。(×)
② 平面EFGHに垂直な辺AI，BJ，CK，DLは平行になっている。(○)
③ 辺ABに平行な面EFGHと面DLKCは平行ではなく，垂直になっている。(×)

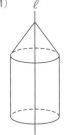

❺ 底面が半径2cmの円で，高さが10cmの円柱ができる。

解き方 円を垂直な方向に平行に動かすと，右のような円柱ができる。

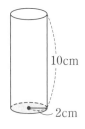

10cm
2cm

❻ (1) 円錐　　　　　　(2) 円
　(3) 二等辺三角形

解き方 直線ℓを軸として，図形を1回転させてできる立体を回転体という。円柱，円錐，球などは，回転体である。
(1) できあがった立体は右の図のような円錐である。
(2) 底面は円になる。
(3) 軸をふくむ平面で切ると切り口は，二等辺三角形になる。

ℓ

❼ (1)　　　　　　(2)

ℓ　　　　　　ℓ

解き方 (1) 円柱の上に円錐がのった形である。
(2) 回転させる図と回転の軸が離れているので，円柱の中に円柱のすきまができる。

❽

(立面図)
(平面図)

解き方 立体を正面から見た図(立面図)と真上から見た図(平面図)で表す。
投影図では，実際に見える線を実線で，見えない線を破線でかく。
投影図をかくときは，図が置かれている向きに注意する。

2節 空間図形の計量

p.48-49 **Step 2**

❶ (1) ⑦ 2 cm　　　④ 4 cm

　　　⑦ 6 cm

(2) 66 cm²

解き方 (1) 展開図で，底面の辺がそれぞれ側面のどの辺と重なるかを考える。

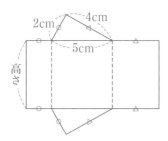

(2) 側面積＝(高さ)×(底面の辺の合計)

で求めることができる。よって

側面積は，6×(2+4+5)

　　　　　＝6×11

　　　　　＝66(cm²)

❷ (1) 104 cm²　　　　　　(2) 84 cm²

(3) 48π cm²　　　　　　(4) 64 cm²

解き方 表面積＝底面積＋側面積

(1) 底面積は，2×5＝10(cm²)

　　側面積は，(2×2+5×2)×6＝84(cm²)

　　表面積は，10×2+84＝104(cm²)

(2) 底面は，底辺と高さが，3 cm と 4 cm の直角三角形である。

　　底面積は，$\frac{1}{2}×3×4＝6$(cm²)

　　側面積は，(3+4+5)×6＝72(cm²)

　　表面積は，6×2+72＝84(cm²)

(3) 円柱の展開図を考える。

円柱の側面は，長方形になる。

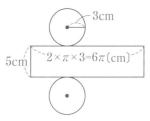

長方形の縦は 5 cm，横は底面の円の円周と等しいので，2×π×3＝6π(cm)になる。

　　底面積は，π×3²＝9π(cm²)

　　側面積は，6π×5＝30π(cm²)

　　表面積は，9π×2+30π＝48π(cm²)

(4) 正四角錐の展開図を考える。

正四角錐の底面は正方形，側面は 4 つの合同な二等辺三角形である。

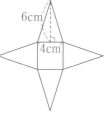

　　底面積は，4×4＝16(cm²)

　　側面積は，

　　$\left(\frac{1}{2}×4×6\right)×4＝48$(cm²)

　　表面積は，

　　16+48＝64(cm²)

❸ (1) 80°　　　　　　　　(2) 22π cm²

解き方 (1) 半径が 9 cm の円の周の長さは，

2π×9＝18π(cm)

$\overset{\frown}{AB}$ の長さと底面の円周の長さは等しいから，

2π×2＝4π(cm)

1 つの円で，おうぎ形の弧の長さは中心角に比例するから，求める中心角の大きさは，

$360×\frac{4π}{18π}＝360×\frac{2}{9}＝80$

(2) 円錐の表面積は，底面の円の面積と，側面のおうぎ形の面積の和である。

　　底面積は，π×2²＝4π(cm²)

　　側面積は，$π×9²×\frac{80}{360}$

　　　　　　　＝18π(cm²)

　　表面積は，4π+18π＝22π(cm²)

❹ (1) 128π cm^3　　　　(2) 32 cm^3

解き方 (1) 円柱の体積を求める式にあてはめる。円
柱の体積は，底面積×高さ

　　底面積は，$\pi\times4^2=16\pi$〔cm^2〕

　　高さは，8 cm

　　体積は，$16\pi\times8=128\pi$〔cm^3〕

(2) 角錐の体積を求める式にあてはめる。角錐の体積は，

$\dfrac{1}{3}\times$底面積×高さ

　　底面積は，$4\times4=16$〔cm^2〕

　　高さは，6 cm

　　体積は，$\dfrac{1}{3}\times16\times6=32$〔cm^3〕

❺ (1) 72 cm^3　　　　　　(2) 4 cm

解き方 (1) 右の図のように，△AEF
を底面と考えると，底面は直角二等辺
三角形で，直角をはさむ等しい辺の長
さは，もとの正方形の1辺の半分なの
で，6 cm

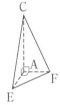

高さは正方形の1辺と等しいので12 cm

したがって，この三角錐の体積は，

$\dfrac{1}{3}\times\left(\dfrac{1}{2}\times6\times6\right)\times12=72$〔cm^3〕

(2) △ECF の面積は，正方形 ABCD の面積から，
△AEF，△BCE，△CDF の面積をひいたものである。

$12^2-\dfrac{1}{2}\times6\times6-\left(\dfrac{1}{2}\times6\times12\right)\times2$

$=144-18-72=54$〔cm^2〕

よって，求める高さを h cm とすると，

$\dfrac{1}{3}\times54\times h=72$

$18h=72$

$h=4$〔cm〕

❻ (1) 100π cm^2

(2) $\dfrac{500}{3}\pi$ cm^3

(3) $3:2$

解き方 球の半径を r，表面積を S，体積を V とす
ると，

(1) $S=4\pi r^2=4\times\pi\times5^2$

　　　　$=100\pi$〔cm^2〕

(2) $V=\dfrac{4}{3}\pi r^3=\dfrac{4}{3}\times\pi\times5^3$

　　　　$=\dfrac{500}{3}\pi$〔cm^3〕

(3) 円柱の表面積は，

$2\times\pi\times5\times10+\pi\times5^2\times2=150\pi$〔cm^2〕

これより，円柱の表面積と球の表面積の比は，

$150\pi:100\pi=3:2$

❶ (1) 正八面体　(2) 点 G　(3) 4 つ　(4) 6 組

❷ (1) 辺 GH，辺 ED，辺 KJ

　　(2) 面 ABCDEF，面 GHIJKL　(3) 8 つ

❸ ア，ウ

❹ (1) 正四角錐　(2) オ　(3) 156 cm²

❺ (1) 1024π cm³　(2) 576π cm²　(3) 288°

❻ (1)

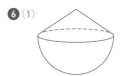

　　(2) 24π cm³

❼ 6 cm³

解き方

❶ 正多面体は，すべての面が合同な正多角形で，1 つの頂点に集まる面の数がどの頂点も同じへこみのない多面体で，5 種類しかない。

(1) 合同な正三角形が 8 つ集まってできているので正八面体である。

(2) 見取図は，右のようになるので，点 A と重なるのは，点 G である。

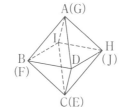

(3) 正八面体の 1 つの頂点に集まる面の数は，どの頂点も 4 つである。

(4) 見取図から考える。

辺 AD // 辺 IC，辺 AB // 辺 HC，

辺 AH // 辺 BC，辺 AI // 辺 DC，

辺 BD // 辺 IH，辺 BI // 辺 DH の 6 組である。

❷ (1) 辺 AB と辺 KJ も平行である。

(2) 底面はすべての側面と垂直に交わっている。側面どうしで垂直に交わるものはない。

(3) 辺 CD とねじれの位置にあるのは，辺 AG，辺 BH，辺 EK，辺 FL，辺 JK，辺 KL，辺 GH，辺 HI の 8 つである。

❸ 直方体などの辺や面を利用して考える。

イは，ねじれの位置になる場合がある。

エは，交わる場合がある。

❹ 底面が正方形，側面が合同な 4 つの二等辺三角形である，正四角錐の展開図である。

(1) 底面が正方形なので，「正四角錐」と「正」をつけて答える。

(3) 表面積＝底面積＋側面積で求める。

底面積は，6×6＝36〔cm²〕

側面積は，底辺 6 cm，高さ 10 cm の三角形 4 つ分なので，

$$\left(\frac{1}{2}\times6\times10\right)\times4 = 120 〔cm²〕$$

表面積は，36＋120＝156〔cm²〕

❺ (1) 円錐の体積＝$\frac{1}{3}$×底面積×高さで求める。

したがって，$\frac{1}{3}\times(\pi\times16^2)\times12 = 1024\pi$〔cm³〕

(2) 表面積＝底面積＋側面積で求める。

底面積は，$\pi\times16^2 = 256\pi$〔cm²〕

側面積は，$\frac{1}{2}$×(弧の長さ)×(半径) より，

$$\frac{1}{2}\times2\times\pi\times16\times20 = 320\pi〔cm²〕$$

表面積は，256π＋320π＝576π〔cm²〕

(3) 半径が 20 cm の円の周の長さは，

2π×20＝40π〔cm〕

側面のおうぎ形の弧の長さと底面の円周の長さは等しいから，

2π×16＝32π〔cm〕

1 つの円で，おうぎ形の弧の長さは中心角に比例するから，求める中心角の大きさは，

$$360\times\frac{32\pi}{40\pi} = 360\times\frac{4}{5} = 288$$

❻ (1) 半球に円錐をのせた立体になる。

(2) 円錐の体積は，

$$\frac{1}{3}\times(\pi\times3^2)\times(5-3) = 6\pi〔cm³〕$$

半球の体積は，

$$\frac{4}{3}\times\pi\times3^3\times\frac{1}{2} = 18\pi〔cm³〕$$

この立体の体積は，

6π＋18π＝24π〔cm³〕

❼ このときできる三角錐 B−PFC の底面は，底辺 3 cm，高さ 3 cm の直角三角形 PBF で，高さは BC＝4 cm である。この三角錐の体積は，

$$\frac{1}{3}\times\left(\frac{1}{2}\times3\times3\right)\times4 = 6〔cm³〕$$

7章 データの活用

1節 データの分布

p.53　Step 2

❶ (1)　(日)

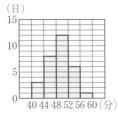

(2) 階級値(上から順に)42, 46, 50, 54, 58

(階級値)×(度数)(上から順に)126, 368, 600, 324, 58, 合計 1476

(3) 49.2 分

解き方 (1) 度数の分布について，階級の幅を横，度数を縦とする長方形を順に並べてかいたグラフをヒストグラム，または柱状グラフという。

(2) 階級の真ん中の値を，階級値という。

(3) 平均値は，(階級値×度数)の合計した値を総度数でわって求める。

　　1476÷30＝49.2〔分〕

❷ (1) (上から順に)0.075, 0.125, 0.300, 0.175, 0.200, 0.125

(2) (上から順に)3, 8, 20, 27, 35, 40

(3) (上から順に)0.075, 0.200, 0.500, 0.675, 0.875, 1.000

(4) 50 %

(5) (相対度数)

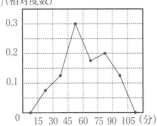

解き方 (1) (相対度数)＝ $\frac{(\text{階級の度数})}{(\text{総度数})}$ で求める。

(4) 1 時間未満の人数は，3＋5＋12＝20〔人〕

これを 40 人でわる。20÷40＝0.5

(5) ヒストグラムの長方形の上の辺の中点を順に線分で結ぶ。

2節 確率

p.55　Step 2

❶ (1) (左から順に)0.530, 0.510, 0.498, 0.505, 0.498, 0.502

(2) 表の出る相対度数

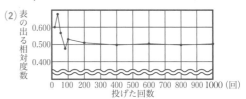

(3) イ

(4) 確率

解き方 (1) (相対度数)＝ $\frac{(\text{表の出る回数})}{(\text{投げた回数})}$ で求める。

(2) (1)で求めたそれぞれの相対度数をグラフにとり，線で結ぶ。投げた回数が多くなるほど，あまり変動しなくなる。すなわち，0.5 に近づく。

(4) あることがらの起こりやすさの程度を表す数を，そのことがらの起こる確率という。

❶ (1) a…160 b…165 c…3

(2) 167.5 cm

(3) 165 cm 以上 170 cm 未満

(4) 166.25 cm

(5)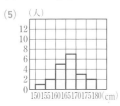

❷ (1) 5 cm (2) 0.4

❸ (1) A ルート 0.8 B ルート 0.7 (2) A ルート

解き方

❶ (1) 階級の幅は, 5 cm なので, a は 160, b は 165
となる。c は, 合計人数が 20 人なので,
20−(1+2+5+7+2)=3 で求める。

(2) 度数分布表で最も度数の大きい階級の階級値を
最頻値という。165 cm 以上 170 cm 未満の階級の
度数が 7 で最も大きいので, 階級値 167.5 cm が
最頻値である。

(3) データの値を大きさの順に並べたとき, ちょう
ど中央にくる値を中央値という。

(4) (階級値×度数) の合計を総度数でわる。
(152.5×1＋157.5×2＋162.5×5＋167.5×7＋
172.5×3＋177.5×2)÷20＝166.25〔cm〕

❷ (1) ヒストグラムの幅を読みとる。

(2) 総度数は 25 人なので, 中央値は 13 番目の人の
値になる。35 cm 以上 40 cm 未満の度数は 1 人,
40 cm 以上 45 cm 未満の度数は 2 人, 45 cm 以上
50 cm 未満の度数は 4 人, 50 cm 以上 55 cm 未満
の度数は 10 人なので,
1＋2＋4＝7, 1＋2＋4＋10＝17 より, 13 番目の人
は 50 cm 以上 55 cm 未満の階級にいることになる。
したがって, 10÷25＝0.4

❸ (1) 相対度数＝(その階級の度数)÷(総度数) で求め
られるから, A ルートは 16÷20＝0.8, B ルートは
21÷30＝0.7 となる。

(2) 15 分未満で行ける確率は, 10 分以上 15 分未満
の階級までの累積相対度数を求めればよい。
A ルートは 18÷20＝0.9, B ルートは 24÷30＝0.8
だから, A ルートのほうが確率が高いといえる。

テスト前 ☑ やることチェック表

① まずはテストの目標をたてよう。頑張ったら達成できそうなちょっと上のレベルを目指そう。
② 次にやることを書こう（「ズバリ英語〇ページ，数学〇ページ」など）。
③ やり終えたら□に✔を入れよう。
　最初に完ぺきな計画をたてる必要はなく，まずは数日分の計画をつくって，
　その後追加・修正していっても良いね。

目標

	日付	やること1	やること2
2週間前	／	□	□
	／	□	□
	／	□	□
	／	□	□
	／	□	□
	／	□	□
	／	□	□
1週間前	／	□	□
	／	□	□
	／	□	□
	／	□	□
	／	□	□
	／	□	□
テスト期間	／	□	□
	／	□	□
	／	□	□
	／	□	□
	／	□	□

QRコードのページに登録すると，「ぴたリンク」からも表をダウンロードできるよ

テスト前 ☑ やることチェック表

① まずはテストの目標をたてよう。頑張ったら達成できそうなちょっと上のレベルを目指そう。
② 次にやることを書こう（「ズバリ英語〇ページ，数学〇ページ」など）。
③ やり終えたら□に✔を入れよう。
　最初に完ぺきな計画をたてる必要はなく，まずは数日分の計画をつくって，
　その後追加・修正していっても良いね。

目標

	日付	やること1	やること2
2週間前	／	☐	☐
	／	☐	☐
	／	☐	☐
	／	☐	☐
	／	☐	☐
	／	☐	☐
	／	☐	☐
1週間前	／	☐	☐
	／	☐	☐
	／	☐	☐
	／	☐	☐
	／	☐	☐
	／	☐	☐
	／	☐	☐
テスト期間	／	☐	☐
	／	☐	☐
	／	☐	☐
	／	☐	☐
	／	☐	☐

キリトリ線

数学1年 日本文教版

QRコードのページに登録すると，「ぴたリンク」からも表をダウンロードできるよ